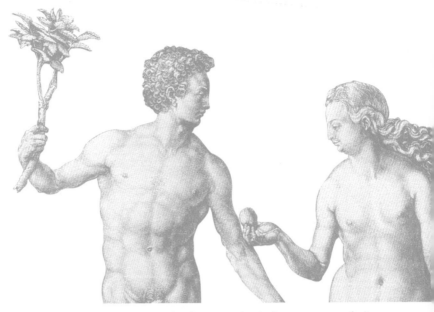

性别伦理学

同文馆·哲学

〔英〕苏珊·弗兰克·帕森斯 著　史军 译

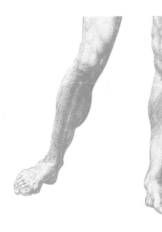
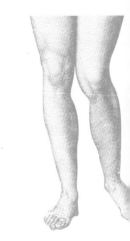

图书在版编目(CIP)数据

性别伦理学/(英)帕森斯著;史军译.—北京:北京大学出版社,2009.7
(同文馆·哲学)
ISBN 978-7-301-15402-1

Ⅰ.性… Ⅱ.①帕…②史… Ⅲ.性别-伦理学-研究 Ⅳ.B823.4

中国版本图书馆 CIP 数据核字(2009)第 101422 号

The Ethics of Gender
copyright © Susan Frank Parsons 2002
This edition is published by arrangement with **Blackwell Publishing Ltd.** Oxford. Translated by **Peking University Press** from the original English language version. Responsibility of the accuracy of the translation rests solely with the **Peking University Press** and is not the responsibility of **Blackwell Publishing Ltd.**

书　　　名：	性别伦理学
著作责任者：	〔英〕苏珊·弗兰克·帕森斯 著 史军 译 马小悟 校
责 任 编 辑：	吴 敏
封 面 设 计：	奇文云海
标 准 书 号：	ISBN 978-7-301-15402-1/B·0805
出 版 发 行：	北京大学出版社
地　　　址：	北京市海淀区成府路 205 号　100871
网　　　址：	http://www.pup.cn　电子邮箱:pkuwsz@yahoo.com.cn
电　　　话：	邮购部 62752015　发行部 62750672　出版部 62754962
	编辑部 62752022
印　　刷　者：	北京宏伟双华印刷有限公司
经　　销　者：	新华书店
	650mm×980mm　16 开本　14 印张　187 千字
	2009 年 7 月第 1 版　2009 年 7 月第 1 次印刷
定　　　价：	28.00 元

未经许可,不得以任何方式复制或抄袭本书之部分或全部内容。
版权所有,侵权必究
举报电话:010-62752024　电子邮箱:fd@pup.pku.edu.cn

序言:开启哲学研究的另一扇大门

  美国妇女运动领袖贝蒂·弗里丹曾这样说过:无论是对个人和政治而言,女性主义运动永远不会终结,这场运动带给人们生活的变化就像柏林墙的倒塌一样富有戏剧性,一样引人注目。不论人们是否意识到,我们今天都生活在被女性主义理论和实践改造了的,并且仍旧被它改造着的世界里。在当代西方社会,女性主义同后现代主义一样已经成为一种最活跃的社会思潮,在人类思想文化领域引发一场革命。

  "性别分析"是女性主义学术研究的基石。在女性主义学者看来,性别(sex)与社会性别(gender)是两个相互联系而又相互区别的范畴,前者指一个人生来为男或为女的生物学事实,而后者体现出社会与文化对于两性的价值观与价值期待。作为一种学术视角,女性主义以"社会性别"为镜头透视和分析各门学科的历史与现状,理论与实践,并在这种尝试中,通过批评和建构来承载和刷新各个领域。一个社会的性别系统不是偶然的现象,而是社会现实被组织、被标明以及被体验的方式。性别是一个随着社会生活的变化而不断改变的历史、经济、政治和文化范畴。如同世界的意义在世界之外一样,性别的意义也永远存在于性别之外。

  尽管当代女性主义学术在各门学科中都有不凡的表现,但倘若进行深入地思考,人们便会发现,哲学才是女性主义学术最为基础和坚实的学科,因为"一个人必须质疑和困扰的实际上是哲学话语,因为它为所有其他话语制定了规则,因为它构成了话语的话语。"①作为价值观和方法论,哲学的主要使命在于在思维领域创造各种可能性,为解释和说明世界,为人类思维和人类社会未来的变化提供方向。女性主义哲学的使命亦如此,它的宗旨是审视和批判许多导致人类自身和人与自然危机的,以哲学形式固定下来的价值观体系,力图为协调和解决各种冲突提供新的路径。女性主义哲学并不把建立"女性主义哲学"作为特别的使命,而是要创造一个女性也能参与其中的更为广阔、更为平等、更为自由的哲学思维空间,培育一种新的时代精神,追求一个更为理想的人类社会。从这一意义上说,女性主义哲学更像似一块破冰石,试图打破封冻许久的哲学江面,它的作用并不局限在某时某地,而是历史性的和过程中的,以及全面性的和全方位的。在有父权制哲学思维存在的地方都会有它的光临,或早或迟。

近几十年来,女性主义哲学在西方社会飞速地发展,仅国际互联网上,近年来出版的女性主义哲学相关书目就有数千条,美国《斯坦福大学哲学百科全书》列出的重要女性主义哲学文献多达近千种。尽管如此,人们仍旧对这一方兴未艾的领域存在着无数的质疑和争论。甚至在女性主义学者之间,人们对于一些女性主义哲学的基础性范畴,例如"女性"、"女性主义"、"女性主义哲学",以及"性别差异"等范畴也无法取得共识。然而,这种分歧和争论或许正是女性主义哲学的生命力所在,正是因为有了这些争论,女性主义哲学才有可能在一个开放的、异质的和多元的思维空间中不断地得到深入和拓展。美国当代女性主义哲学家朱迪斯·巴特勒(Judith Butler)曾这样强调说,"女性"并不是女性主义理论中的一个固定范畴,或者一个共同的前提。恰恰相反,它是一个需要女性主义通过批评性思考来不断地解构和建构、冲突和融合的"问题",正是在这种民主的、不和谐声音的冲突和谈判中,女性主义理论才得以进步,"女性"

---

① Triol Moi: *Sexual/Textual Politics*, Routledge 2001, p. 128.

将是女性主义的一个永恒的命题。①

本书开启了哲学研究的另一扇大门,让人们发现另一个精彩的世界——这里不仅有女性主义与当代主流哲学的对话和互动;也有女性主义哲学家以"性别分析"为方法论原则对于哲学的探索,更有女性主义哲学家对于理想社会的追求和奋斗。

在对于女性主义哲学存在是否具有"知识合法性"的一片质疑声中,女性主义哲学的进步越发地引人瞩目,这,或许正是人们应当关注和阅读本书的理由。

肖　巍

2008 年初春

---

① Judith Butler:The End of Sexual Difference, in Elisabeth Bronfen & Misha Kavka ed. , *Feminist Consequences*, Columbia University Press 2001, p. 415.

致安德鲁

目 录

序言：开启哲学研究的另一扇大门 …………………………（1）
前　言 ……………………………………………………………（1）
导　论 ……………………………………………………………（1）
第 1 章　伦理学与性别 …………………………………………（9）
第 2 章　作为性别伦理的女性主义 ……………………………（25）
第 3 章　伦理学是否是男性的学科 ……………………………（44）
第 4 章　身体物质 ………………………………………………（64）
第 5 章　语言的主体 ……………………………………………（83）
第 6 章　行为主体的权力 ………………………………………（104）
第 7 章　建构中的伦理学 ………………………………………（123）
第 8 章　差异的构想 ……………………………………………（143）
第 9 章　在希望中服从 …………………………………………（165）
第 10 章　为了上帝的爱 ………………………………………（184）
索　引 ……………………………………………………………（206）

前 言

⏩

在写作这本书的过程中,我试图通过性别与伦理学和神学之间的重要联系追踪性别思想的发展脉络。我对此一直抱有兴趣,这种兴趣最初是源于一种十分模糊的不安感:伦理学,特别是神学伦理学,可能快要走到终结,而对性别问题的思考已成为它走向终结的路径。这种不安感是在我教授伦理学的过程中出现的。在教学中我注意到伦理学过于注重实践问题的解决与价值评价方法的学习,这使得伦理学处于丧失机会探究自身的哲学基础和作为当代西方思维的一门学科的地位的危险中。

性别批判理论最初见于各种各样的女性主义学说和有关性别的论述中,我越是仔细地考察这些言论中的内容,越是清楚地感到内心的不安。因为看来被这些论述称之为"理论"的东西来源于某种伦理学人文主义的弱点。这种伦理学人文主义已自得其适,不愿意接受任何自我批评了。性别的思考是怀疑的解释学的一种实践,这种实践使得伦理学人文主义变得脆弱。它呼唤一种重新阐释和重新评估,在此基础上人文主义得以重置其位。而我们是否要沿着这条道路前进是本书要考虑的问题之一。

在思考这一问题时,我感到有一阵强风吹过我的大脑,它几乎扫清了我原来的想法,以至于我所想到的事情都与之前不同了。我被抛入人类的处境和我自己的生活情境,我发现自己被痛苦紧紧抓着、被爱高高举着。这种痛苦和爱都比我以其他方式所感受到的都要深刻。因为性别问题重新提出了哲学的基本议题:从某种意义上说,在未经思考之前不能假定任何事情。性别问题还进入到神学领域,使我们关注那些最困扰人性的事情，并将它们转变为对上帝之爱。通过找出不易处理的、批判的性别理论，我们的哲学思考就会返回到真理问题上，我们的神学思考也会返回到对救赎的呼喊上，就像这些呼喊在现代及后现代话语中被听闻的那样。

这条路很艰辛。虽然我努力铲除了这条道路上的大多数障碍，但仍有一些问题存留于我的思想中，也呈现于这本著作中。由于遇到大量障碍，我仅仅开始理解和能够明晰表达它们，因此在对它们的文本表达上会显得有些笨拙，这些表达方式对我也是新颖的。我仅试图指出当今这一思想中那些将为人们所知晓的东西，并将它们条理化以便他人继续研究。如果我能与那些因为渴求真理而陷入困境，并同样因为这种渴求要求他们产生慈悲的人们并肩作战，那么这本著作就达到了它的目标。但愿使得这些真理产生的劣质熔炉能够变成为因爱而存在的圣物。

我要特别感谢那些在探索之路上给予我帮助的人。感谢剑桥大学玛格丽特·波弗特神学研究院，因为它在1998年的大斋节期间盛情地向我提供了学习与祈祷的场所，本书就是在那期间开始写作的；感谢剑桥大学神学院的教职人员对我参与他们讨论会的欢迎；感谢彼德豪斯理论组的这一有趣的讨论；感谢英格兰教堂的圣女们，我在全国受邀参加她们的各种集会使我能够敞开思维；感谢诺丁汉东米兰牧师培训课程的学生们和圣约翰学院的学生们，他们帮助了我教授这一科目；感谢布来克威尔出版公司（Blackwell Publishers）的阿历克斯·怀特（前任）和丽贝卡·哈晶（现任）；感谢匿名审读者对这本书的关注；感谢那些与我探讨了许多这方面问题的朋友们，特别是克里斯·考特雷尔、詹姆斯·汉威、劳伦斯·汉明、弗兰克·柯克帕屈克、佛德兰德·赖普以及马克·帕森斯。这本书献给我的儿子，希望他自己的生活经历能够带给他许多欢乐，希望他的思想能够经常捕获真理，希望他慷慨分享的笑声与温柔将使他永远行进在爱的路上。

2000年降临节

导 论

　　性别问题已以多种形式成为当代社会一个令人困惑的维度。我们正是在性别问题上对自己的人性充满疑惑,特别是对于做女性是什么样的和做男性又是什么样的问题。当我们开始思考生命中性别层面的问题时就已经可以预感到这一困惑。我们对性别的一些认识是来自经验。那些提出有关性别问题的人常常发现他们自己处于严重的不安之中,对他们的观点的评论在群体的动力中分化送出,这常常使之付出很大代价,让他们觉得自己的生活方式与人格完整性处于危机之中。而那些没有提出性别问题的人则常感到自己因没有这样做而被人攻击,并且其自我假定与自我满足也遇到了挑战,因此,他们的生活也处于危机之中。我们的个人价值与行为都在性别所引出的问题中有深刻的暗示,这一事实,看来我们无法回避。另外,到目前为止,我们所归属的集体或我们日常生活中的制度几乎没有不受到性别问题影响的。大多数人所生活、工作、学习和娱乐的环境都受到了某些形式的性别批判的影响。通过对这一批判的回应,这些环境应对着性别问题的挑战。性别一出现就会让人不安,而我们的生活就被这种不安所塑造着。我们在对性别问题所预见困惑的经验中学习着,因为我们在困惑中被要求反思我们是谁。

　　对性别的另一些认识是通过对当代文化的关注而获得的。性别的刻画出现在各种艺术形式之中,从而进入我们时代的文化,进入作为这种文化的参与者的我们的意识之中。小说讲述的是性别身份形成与发现、隐藏与出现的故事。戏剧上演的是性别关系的混乱、破裂与变化。电影描绘、绘画展示、歌曲表达、雕塑体现性别的问题,就是说,这些艺术形式的产生都源于性别问题的出现。这些艺术形式说明性别已成为我们自我表现的一种重要与常见的途径。性别已经成为艺术的一种通道,通过它,人类自我得以表达、人类关系得以探究、人类生活的困境得以揭示。我们在成长中接收这些东西,之后意识到自己正是被文化所塑造的人。成为女性是怎样的,成为男性又是怎样的,在适应我们文化的过程中被明显地标注出来,因此,当我们开始接近这一考虑层面时所预见到的部分困惑是,塑造我们成为人的这些文化表达自身需要接受审查、挑战和质疑,所以它们也是危机重重。因为在性别问题上,我们被要求反思在共同的文化生活中,我们是如何成为男性和女性的。

当试图以任何程度严格地考察性别所体现的文化现象时,我们便会遇到一个混乱的、多层面的并且十分复杂的问题。正是这种复杂性使得性别研究成为一个多样化的学术研究领域。人的科学(Human Sciences)以及晚近的批判理论与文化理论的出现,都以特殊的方式使得对性别的研究成为可能。通过这些研究工具,我们就有勇气追溯我们所融入其中的文化,将我们从游泳的水中分离出来,并对决定我们所归属的文化的特征之结构与影响力提出批判性的问题。这样我们就可能考察其历史发展的轨迹、地缘因素所扮演的角色、宗教观念所起的作用,其独特制度的形成以及经济所发挥的功能——所有这些都有助于我们了解我们的文化是如何屹立于世界文化之林的。在文化的所有这些层面上,性别问题都为考察与批判敞开了大门,日益增长的有关性别研究的著作就是一个证据。通过这些研究,我们对性别的文化建构就会留下印象。我们开始认识到我们是以文化的方式思考性别的,我们所持有的是受文化塑造的性别观念,并且我们对性别行为抱有文化政治与社会方面的期望。性别在此所引出的困惑是使我们批判性地意识到自己是作为自己文化的产品被生产与被虚构的。

当深挖我们观念与实践的根基时,对文化的研究就会引发更深的困感。因为批判性理论和文化理论都是对文化基础的挖掘,是对我们思想根源的考察。在这本考古式的著作中,我们揭示目前对人性的思考之形成方式,以及支持与形成我们关于性别的思想之基本结构。我们开始疑虑我们对性别的理解史,我们现在所持有的观念是如何形成的以及性别是如何变得对我们如此重要。在西方文化中,性别具有特殊的吸引力。性别似乎在此向人们介绍自己,并且要求被视为我们人性中一个重要维度。然而,只有当性别问题以某种方式被提出并得到解决之后,诸问题才能得到充分的留意。因此,性别是我们当代思想世界的一部分,需要表明其存在的可见标识,这样即使它未被宣布在或不在,我们的批判性理论机制仍激励我们去揭示观点背后所隐藏的东西。我们有几分期待,希望在性别问题上能够揭示出人性中某种基础性的,甚至是本质性的东西。通过对性别的质疑,我们似乎可以期待对人性真实理解上的突破,期待向我们和向世界充分揭示我们自己。通过对思考性别问题所陷入之困境的探讨,我们希望能够更加充分地理解我们的人性。

随着知识而来的或许是价值重估。正在发展的理论似乎暗示,有了这一新的批判思维,我们就将能够敞开我们当前的观念与实践。因此,我们挖掘过去来为今日的改变提供资源。考察性别观念与实践是如何形成的,这样我们或许就能够发现通达当今新形式之可能性、开端与途径。我们研究性别思想的结构以帮助我们重新思考它与性别之间的关系,并为我们当前的使用找到政治与伦理资源的出处。因此,对文化的批判性研究引起了我们对性别文本的关注,这些文本似乎无处不在地记录着我们被文化同化的生活。通过它们的轨迹,我们小心翼翼地编织自己的个人路径。询问性别就不仅是要知道,而且重要的是要重估这些现有的关于性别的文本。性别由此成为人类权力出现的一个标志,这是一种超越决定性文本的权力,所以性别就被表达为颠覆权威,重新书写自己文本的权力。这一权力使人类超越给定的能力得以实现。对性别开展任何探讨都将经历这一历史,任何性别问题的提出都呈现在这一权力问题面前,并因此呈现在对权力的争议与对赋权的促进之前。我们参与这一探讨,确认这样做的意义,因为通过它,我们相信将会使我们的文化变得更好。当我们在生活中探索性别层面时,预期的困扰以权力重估,以及性别与权力是如何建立联系的这两个问题的形式出现在我们面前。

可见,性别会在我们思想中引发难题。它让我们反思作为个体的男性和女性我们究竟是谁。它让我们思考在共同的文化传承中,我们变成了什么样的人。它让我们思考我们作为文化产品是如何被制造的。它让我们深深挖掘我们观念的根基,并思考它们如何变得对我们是如此重要。它让我们反思性别在承诺更好的文化与更好的生活上所处的位置。因此,朱迪斯·巴特勒(Judith Butler)明智地选取了"性别麻烦(Gender Trouble)"这个词作为她著作的题名,她还智慧地认识到,通过考虑性别问题,会对我们的思考具有颠覆性。[1]因为产生麻烦与受到麻烦的观念都暗示性别问题在我们文化中处于破碎之中。这些词语都开始表明我们的所有理解并不都是正确的,男性与女性的差异已经成为现代性陷入的一个性别裂缝,这使得对共同人性的思考变得很成问题。当然,这些词语也意味着希望,对调解的期望,即在寻找言说与思考性别的其他方式时,我们可能获得某些新的突破。性别通过颠覆我们的思想,用麻烦将我们带到期望的边缘。

对我们伦理思想的这些颠覆以及神学伦理学的任务进行一些考察就是这本书所要做的事情。因为这本书企图研究性别与伦理之间的契合面,并考察渗入性别的基督教神学伦理学可能形成的方式。作为一个初步的定义,我们可以提出伦理学是一门将我的注意力吸引到什么是可能被称作善的事物上来的思维学科。如此一来,伦理学就为以被认为是善的事物来塑造我的生活敞开了路径,它要求我在这种塑造中扮演一个角色,让我致力于它的事业中。性别问题对伦理思考的几乎所有层面都提出了挑战,而研究这些挑战正是我们的任务之一。性别的思维方式给伦理视角的内容以及对实践的建议打了个问号,所提的问题是:通过何为女性和男性的假设,我们关于善的概念以何种方式形成?我们被要求审视这些假设并质疑它们本身是否符合伦理。对性别的思考挑战了我们的伦理推理模式,因为它暗示女性的思维方式可能与男性的思维方式不同。因此,我们被要求考虑伦理思考是指向女性还是男性。对性别的思考使我们对伦理学是什么、伦理学的目的是什么的假设,以及伦理学在构建女性和男性中所起的作用等问题提出了质疑。我们被要求思考伦理学在人类生活中的地位。在所有这些挑战中,性别提出了关于伦理学之伦理的问题。因此,我们的一个核心考量必须是——在这个时代像这样一门从事专注于何者为善的思维学科将是怎样的?

同样,我们对神学的理解也受到了颠覆。我们可以从提出把神学理解为将我们自己思考进既定信仰的一门学问出发。神学为我理解自己是如何获得对上帝之知打开了一条途径,在这种知之中,我是如何与超越我所知的神相遇的,还有就是我的生活是如何能够被这一所知抓住而无法遁逃。当我开始以这种方式思考时,我所想到的是我生命中的问题,以及这种人性与上帝结合所充满的神秘之美,它从未让神学家们停止惊奇。再提一次,通过我们对上帝理解如何是性别化的理解,以及我们的信仰如何完全是性别化的现象,性别对神学构成挑战。这样,它提问神是否是以及以何种方式以人的形象制造的。对性别的思考关注神学中的文化信息,并研究神学与性别观念和性别实践之间的联系。对性别的思考可以挖掘神学的基础从而可以考察这类思维方式的根源,希望为当代世界打开新的途径。对性别的思考企图解放人性,以建立人与上帝之间更真实的关系。在这种关系中,我们每个人,无论是女性还是男性,都会发现自己更真实地体现于上帝的存在之中。在所有这些方面,神学都受到了挑战,被追问能否通过对性别的怀疑的解释学,驱除对上帝的思考中存在的偶像崇拜。这些问题也是本书要讨论的内容,因为我们另一个核心的考量必须是——通过性别问题的描述,研究这样一个将我们自己思考进既定信仰的学科会是怎样的?

这两个问题的交叉形成了本书的两条主轴。这两个问题所出现的学科指导着研究的进行。我们最为关心的事情既与思考有关,也与思考的方式有关,还与思考的模式有关——所有这些都假定我们情不自禁地思考。思考发生了。思考是人类能做的事情,或许它是人类做的最好的事情。在一本对思想进行思考的书中,我们立即会遇到思考的不可避免性和假定性。此处的问题与我们将会进行的思考方式有关。这些问题与下述信念相关,即通过阐明我们是如何以性别问题开始我们的思考,对友谊的敏感性、慷慨得到触发以及对邻人的教牧回应便会接踵而来。它们还需处理研究性别问题的风险:我们将被困境所包围,只有一种更深刻的理解才能帮助我们在共同人性中找回自己。它们与一种信任相关,即在我们恰好无能为力时,伦理学和神学或许可以帮助我们。它们与一种希望相关,即在我们的思考中,一种拯救的方式或许会向我们开放。因此,这些问题可能会以其他方式唤醒我们的人性肩负的神圣使命,通过召唤我们将心灵持续向即将到来的上帝敞开。因此,本书从考察性别与伦理的契合面开始。它带着持有信仰的心灵,试图通过对性别理论的探究,弄明白究竟什么可以被称之为善。

内容概要

在第一章,我们对伦理学这一学科与新近的性别理论讨论进行一番初步审视。对伦理学和性别理论中关键术语与假设的考察将是必要的。之后我们会更加关注以这种思维方式所言说的内容,更加关注它们重叠的考量,以及更加关注它们之间出现的困难却富有挑战性的问题。这样,或许就可以开始集中讨论本书要研究的问题与主题。

接下来的两章在所谓的现代性背景下讨论随启蒙而出现的对性别思想的挑战。在这两章中的前一章,我们将探讨当代女性主义所面临的挑战。有三种挑战形式试图以不同的方式出现于在现代思想中所理解的伦理学这一学科之中。自由派女性主义者、自然女性主义者和建构女性主义者都使用了伦理术语与观念,为的是找到女性的特殊意义与地位,并提出与伦理学的最佳潜能相一致的挑战以指导我们获得人类生活的善。女性主义性别伦理学提供了伦理学与性别之间关系的一种模式,因此,通过女性主义者所面临的困境,它将有助于概括当前包含性别问题的伦理争论的形成方式。

在这两章中的后一章,我们将探讨这样一个问题:伦理学是否是男性的学科?女性主义者思想中出现的这一问题开始解构现代人的伦理蓝图,并证明女性主义早已预见到后现代性。与性别主题相关的伦理思考与行动上的问题之打开,开始要求我们对不再能编织进现代主义之中的我们的人性作一些新的思考。因此,性别与伦理进入到了后现代的新时期,在这一时期会提出不同的性别问题。

在对性别问题的当代发展做出概括之后,本书用了三章的篇幅讨论在后现代思想中发生的一些变化。这几章与我们思考身体与肉身化、语言与主体性、权力与能动性有关。这些都与我们思考性别所会涉及的我们人性的基本层面有关。在这每一个思考领域中,都存在着对当代关于这些事物的构想模式的颠覆,以及对指导当代探讨它们的预设的颠覆。因此,对后现代理论中所谈论对象的一些研究或许能启发我们对性别伦理的思考。

在后现代理论中出现了这样一个问题,把身体说成是既定的自然生物实体这意味着什么,以及对身体成为一种社会建构物的方式的探究。在这种对现代人文主义假定的颠覆中,随着身体问题以新的方式被思考,性别问题由之而来。其次,也存在着对独立于语言的人类主体存在的质疑,且意识到主体不是语言的言说者,而是被语言所表述的对象。同样,这也颠覆了现代人文主义的一个主要维度,且需要考虑它对性别伦理主体的含意。其三,与作为行为的产生者、被赋予权力的存在者、行为的自我的人文主义的主体一同出现的行为模式面临挑战。理解到我们是使行动得以发生的人,使思维得以转换,我们将重新思考究竟什么是伦理地行动。

有了这些发展,我们或许就可能开始理解性别问题的错误从现代向后现代转变的方式,在这之中,我们仍需思考。接下来的一章将要考察在此种背景下所提出的性别伦理的三种形式。首先是玛莎·努斯鲍姆(Martha Nussbaum)的新人道普遍主义,她将性别放入更广阔的人类能力与繁荣之中,性别问题在其中发现其位置与指导方针。其次是伊莱恩·格雷厄姆(Elaine Graham)的改造实践伦理学,她发现性别对人类充分释放其能力这一解放任务起着重要的作用。最后是莉莎·苏尔·卡希尔(Lisa Sowle Cahill)的修订版自然法伦理,她认为前现代的伦理推理形式能够灵活地适用于我们新的性别困境与问题。对这三种形式性别伦理进行比较,并思考它们各自不同的优势与劣势,将有助于我们概括在后现代的背景中对伦理学性别批判的一些主要意义。

最后三章转向我们指导性的问题。在这样一个时代研究这样一个关注什么可被称作善的思维学科意味着什么? 通过性别问题的讨论研究神学思想这一学科意味着什么? 本书的一个主要预设是我们所生活的后现代的到来为神学伦理学的思考开启了新的路径。对性别的思考有助于解构当代的形而上学和源自形而上学的伦理学。这样,它就能使我们的思想更为自由,让我们作为人类更为本真,并且对于圣灵降临更为开放。性别伦理触及并将我们引入神学伦理学的三个维度——信望爱——它们在后现代问题中体现为起源、主体性及阐释的问题。在依次考察它们时,我们可能会关注这一事件,并开始得出一种神学伦理学的思维方式,将上帝救赎之爱信入我们生活的希望。

注 释

〔1〕 Judith Butler, *Gender Trouble: Feminism and the Subversion of Identity*, London: Routledge, 1990.

第1章 伦理学与性别

▶▶

在这一章,我将对在西方思想传统上历来具有重要地位的伦理学这一学科进行一番初步考察。在对伦理学的一些主要特征进行集中探究之后,我们就可以理解伦理学作为一种思维方式的重要意义。接着,我将指出一些正引起人们关注的性别问题。这些问题出现于性别理论和性别研究中,反映着当代人对我们自己人性的理解。我们希望通过这一考察,可以阐明伦理学这一思维学科与性别问题所要探究的这一人性理论之间的会合之处。

走进伦理学

伦理学的以下三个特征或许可以为我们此处的思考提供一个基本框架。首先,伦理学所讨论的对象是善。它一直是人们反思何者为善的一种方式,与此同时,吸引他人加入关于这一问题的对话,并将他们的思考也融入讨论之中。走进伦理学就是让我们自己学会参与对善讨论。其次,可以把伦理学看作是一个文献丰富的领域,它现在包含可供我们阅读与研究的大量著作,这些著作对西方文化与理性的形成有着重要的影响。要走进伦理学就要走进这片领域,像那些其生命已被写入它的思考的人一样。最后,伦理学是一项审慎的实践。伦理学将我们的注意力引导到那些可被称为善的事物上来,这为我们塑造自己的生活开辟了一条途径。伦理学帮助我们在我们自己与可被称为善的事物之间架起了一座桥梁。

它之所以能够如此,是因为它有助于我们思考我们正在做的事情。进入伦理学就是要学会一种审慎的实践。更为全面地说明这三个特征可能会让我们更深刻地理解这种思维方式。

以善为讨论对象的伦理学

伦理学首先可被描述为一种将我们的注意力引向对什么是善这一问题的讨论。这种引导使我们追问关于我们自身及世界的终极性问题。我们开始对我们的起源与我们的目标充满疑问:为什么我们的生命会存在,我们存在的目的又是什么?我们开始对我们个体生命所存在的更大范围,以及在此背景下的人类地位而好奇。通过这些疑问,伦理学使我们思考生活中什么是美好的。它要求我们非常认真地思考这些问题,因为当我们为了自己而弄清它们的意义时,我们自己就体现了我们所追寻的善。它要求我们高度关注那些可被称为善的事物,因为其美丽与真理所散发出的光芒需要有十足的耐心与洞察力才可捕捉。在这一学科中所培养的思维是接近某些被认为是超越于我们的事物的途径,它在我们之上,与此同时,它被认为是我们最终的归属,我们的生命最终在它之中停止。这一被称为善的"某物"正是伦理学引导我们追寻之物。它邀请我们的参与。

在西方传统中,达至这一善的线索主要有两条,伦理学的讨论也是围绕着这两条主线展开的。一条主线是探寻我们人性的本质,它提出这样一个问题:是什么使我们成为人?这一线索认为我们能够找到属于我们人性的核心的本质存在,它规定了我们为人之特征,这样我们就会知道什么是善。一旦我们看清了这一普遍地属于所有人的本质的基本轮廓,一旦我们知道了我们在最基本的意义上是谁,那么我们就将能够粗略地为自己指出与此本质一致的为善之方式。理解我们人性的本质引出了格拉德·休斯（Gerard Hughes）所说的"人性原则"[1]。它为我们尊重所有人类提供了一个基本的依据，并激发我们即使是跨越十分广泛多样的文化与生活方式也找到确证所有人性中善的途径。因为在根本上，要弄清楚我们在本质上是什么就要发现使所有人类相同的要素或物质，正是这种要素或物质提供了超越时空的善观念。

随着现代人文科学与自然科学的出现，伦理学家揭示是什么创造人类并使人类始终处于自然世界而非超自然的世界中，这种做法越来越典型。我们的人性越来越少地被理解为一种超越时空的终极的形而上学本质，而是越来越多地被理解为一系列将人类与其他生物区分开来的特有行为与能力。因此，我们人性所特有的东西就有各种不同表现，诸如我们的推理能力、我们运用语言的能力或者我们塑造文化的能力。维持这些作为善而被挑选出的能力正是伦理学的任务。例如，如今有许多在我们的动物本性中探究人类伦理思考与行为之根源的研究，动物行为学和社会生物学就在进行这样的研究。在这里，如玛丽·米奇利（Mary Midgley）所指出的，"我们**是**动物"这一事实被理解为我们的伦理生活得以生根的基础。[2] 现代的人文主义者，虽然是较为自然主义的，却仍坚持认为人类有其特有的善。

在西方伦理传统中，另一种通向善的路径是探究事物的目的。通过对"在何处，生命得到实现"这一问题的追问，伦理思想家们试图找到事物存在的目标，生命就正处于实现这一目标的过程之中。这一目标可能就是那被称为善的事物。有了这一将所有事物都纳入其指导的目的观念，就有可能阐明个体事物的目标，并将我们的人类生活塑造得能实现其适当的目标。约翰·麦克默里（John Macmurray）称之为"将世界思考为一个行动"，且通过这一观念，人类的意图与行为就都能放置于一个全面的意义图景之中。[3] 我们有望将我们的生命导向同一目的，这一目的使我们的多样性选择彼此和谐。这类伦理思考是目的论的，即关注生活的目的或目标。它给了我们一个终极善的观念，并使我们的行为以之为目标。它不是那么关注我们本质上是什么,而是更加关注我们最终将成为什么。通过在我们面前设定一个终极善的图景,我们的行为就能够指向伦理想象的最远处。

这一条对善的探究路径也受到了当代思想发展的影响。正如人们质疑人性的纹理中写就了某些内在目标这一信念一样,关注的焦点也投向了人类意志自身在设立我们每个人追求之目标的过程中所起的作用。设立这些目标的能力要求每个人都拥有自由选择,以及对自己所做决定之效果的一定自信。接着个人就会要求获得权力。当代关于目标的伦理思考带有技术革命的印迹,即强调生产力,这使得如今需要根据实际结果去判断我们所做的大量事情。我们被要求在做决定时注重实效,因此会考虑它们在导致我们所选择实施的那些改变上所起的效果。如此,设定目标与对象就成为我们共同生活制度中被接受的实践,并且将所有这些置于完全的秩序与法律体系之下就成为了政府的任务。目的论观念就被限定在特定行为领域,我们每个人都对之负有责任。因此,解读我们所处的历史情境时,最佳期望大概是形成相互之间具有讽刺意味的敏感。[4]

通过这两个问题,伦理探究试图将我们的注意力转移到什么是可被称为善的事物上来。在这两个问题中,我们都遇到了西方传统中对伦理学的优先考虑,即什么是善被紧紧置于什么是事实之中,或与之平行。瓦第(Vardy)与格劳希(Grosch)对此的表述是:"在能够强调关于道德与伦理的问题之前,应当考虑事实的本质这类具有优先性的问题。"[5]他们有关伦理学之谜题的书是对接近事实之方式的最初探讨,这些探讨是他们理论考虑与伦理学运用的序曲。对事实的探究被认为是优先于伦理考量的,因为事实为善的建构提供了基础,或者为善的鉴别提供了某种终极视域。伦理思考这一学科仍然依附于这一事实之光,它反过来又为我们照亮了善。这样,伦理学就能讲述与事实相一致的善、体现事实的善以及透过我们的生命使我们的事实更为完善的善。正是对事实与善之间这些紧密联系的辨明与维系,使得伦理学这一思维学科得以形成。

作为文本领域的伦理学

研究以善为对象的伦理学就要学会参与对这类问题的探究。如今，我们可以通过已有的写就的、出版的、翻译的以及流通的文本从事这一研究，而且这些文本也为我们的讨论提供了途径。这一文本领域包含着跨越许多世纪和各种社会的著作。查找与收集这些著作成为当代教授与研究伦理学的一个特征。首先，人们对再现古希腊和罗马的文本感兴趣，并将它们与犹太—基督教的传统相并列。它们在一定程度上仍被用作判断后世著作的标准，并提供与伦理学有关的基本词汇与广泛的论证框架。如今这一文本领域确实已变得十分广泛，并且其来源比启蒙时代早期所预想的更加多样化。现今，汇入这一领域的文本来自如此广泛的背景，从而使得什么可能成为伦理学的经典这一问题变得更加难以描述与具体确定。[6]目前的情况是，伦理学正变为既是对文本的研究，又是对我们所能获得的文本领域的研究，并且这种研究也在产生着新的洞见。

这些新洞见之一涉及对历史上伦理学发展的确认，以及对伦理学探究本身经过了历史变迁这一点的承认。[7]虽然在伦理学的讨论中似乎有种冲动去探究什么是超越时间的、什么是人类生活的永恒目的、什么是人类本质的不变真理这类问题，但只要意识到文本的历史性就不会再那么天真地认为这是完全言之成理的。伦理学像其他思维学科一样，自身也要被历史性地研究，因此某一特殊文本出现于何时如今对我们就很重要。这种历史意识会引发新的问题。对于任何历史文献、任何写作出的文本是否能够或应该宣称比它实际上从人类历史上所知晓的更多这一问题上是颇有疑问的。于是，文本的历史性可被用作揭穿它们自身真实主张，以及揭穿我们在运用它们中所持主张的基础，从而可以建构超越于历史的事实。[8]我们也可以通过这样一个问题——沉浸于我们这个时代伦理地思考是怎样的？——而更敏锐地意识到我们自己的历史性。

这些新洞见中的另一种与伦理学的背景性有关,在这种背景性中我们注意到伦理学文本与这些文本所创造与形成的更大背景之间的关系。在《基督教伦理学教程》一书中,吉尔(Gill)提出了一种"有社会学思想的路径",它要求在我们将一组观念与另一组观念进行对比之前,先考察社会决定因素以及特殊文本的社会意义。[9]知晓文本来源于何处,在何处政治关怀与经济结构中它们得以形成,它们对哪些发展具有增益作用,这些都是相当重要的。由于伦理探讨表达了对普遍性、适用性且相关于所有人类的东西的倾向,因此,这一洞见所引出的问题关乎权威,它们应当归属于形成于这种偶然性之中的文本。提出这些文本是否可以为所有人发言,就是质疑某种语境中生成的议题与价值能够迂回地进入十分不同的语境中,它们甚至可能会抑制不同语境中特别不同的特征。提醒我们自己注意伦理学的语境性成为限制文本单一言说的方式。这也再次让我们提出这一问题:从我们自己的立场与视角来看,怎样才是伦理地思考?

第三种新洞见涉及伦理学的互文性(intertextuality),这使一文本领域的作品与其他探究领域之间的关系得以揭示并显出重要性。相互重叠的概念与词汇变成研究一套文本与其他文本之间联系的信号。追踪这些联系,我们就可推测这些充斥于文本之间的相互影响,可以推测在它们之中单独出现的模式以及在它们之间共同出现的模式。甚至可以推测能够解释这些联系或使这些联系有意义的可能的共同来源。性别被证明是这类文本间探究的特别丰富的主题,因为某种性别形象、不同性别词语以及性别特别地概念化的存在——这些都为我们推测文本之间的相互影响以及它们共同的根源与目标提供了素材。在伦理学与其他类型作品互文性联系的范围内,我们可以再次提出这样的问题:在其自身的文本中是否能够获得独特和重要的洞见?或者它是否体现了同一主题上的变化?拉一根复杂的线,就像性别,或者会使伦理学的外衣不再合身,或者它会给我们一根线以帮助我们在今后的对话与著作中编织新的互文性。

将伦理学思考为一个文本领域是我们进入后现代时代的一个证明,

在这一领域我们开始提出有关我们在当代的文化形式问题。我们能够关注伦理学是如何体现文化的,以及我们作为伦理思想家是如何形成的。我们开始关注我们的生命已被写入这一领域中的文本的方式,这样一来,当我们介入它时会有一阵的熟悉感与新奇感。一旦我们对这一领域之形成的批判意识出现,我们就不再能够背弃我们自己,不再能够天真地重复这些文本所表述的思维方式。于是,在我们面前就存在着这样一个问题:在我们这个时代,怎样才能伦理地思考?

作为审慎实践的伦理学

这将我们引入作为审慎实践的伦理学,为的是导向一种良善的人类生活。已成为一门学科的对善的讨论在一个特定的空间中进行,这是一个任其探究的领域,现如今将这一领域中的一部分称为真理的范畴。在由真理主导的地方,伦理学就能提供地图,打开通向真理所维持的善的两条通路,沿着这条路,伦理思想家就能够自由地前后旅行,并在他们的旅程中展开对话。我们期望沿着这两条路径,能够获得某种知识,这些知识可以从一点被传输到另一点。在我探究作为人类之本质的问题时所知晓的东西,我能够将它们转化为我的行为,通过运用人类本质的知识,作为形成我的决定之原则的指导。当我考虑世界是如何聚集为一个恰当的目的时所可能知晓的东西,我就能以一种实践的方式使用,目的是为了朝着健康的方向重新重视我的生活,当我满怀目标地前进时一直坚持这一目的。伦理学妥协了这一从真理所支持的善移向我的个人生活与决定。在这一要求在做任何事情之前首先思考的沉思工作中的价值就是:行动之前先思考。

将伦理学理解为审慎的实践揭示了伦理学是真理的忠实仆人,伦理学实践真理所指派的义务,并依照真理的确实性塑造人类生活。伦理地思考就是个人地被引入这种服从,给予真理所维持的善我们的忠诚。但是真理王国并非十全十美的。在真理的王国中也存在着不安,这表示和平与良好秩序的缺乏。这种不安部分地是来自有关真理本性的哲学争论,这些争论由于其依赖权威而对伦理思考工作产生困扰。真理是一还是多、对真理的知识是相对的还是绝对的、它产生有关真实的知识还是人类知晓它的意志——这些尚未解决的争论打乱了伦理学所体现的审慎实践。这种不安也通过对伦理学的神学批判而来,这种批判所想弄清的是上帝与善之间的关系。不论上帝是否被理解为与善所在的自动建立的真理秩序相联系,也不论上帝是否是善的创造者和终极来源,这都是神学伦理学的一个持续性问题。在问这一问题时,我们试图理解当我们研究伦理学时拥有一颗信仰的心灵是怎样的。

因此,伦理学这一审慎的实践进入到后现代时代,在这一时代道德生活的确定图景遭到了破坏。自尼采在19世纪末说上帝死了之后,真理模式及其神圣权威的破坏进行得很好。[10]自索伦·克尔凯郭尔(Søren Kierkegaard)将真理问题彻底地变为一个我的主观性问题,同样,我们人类的自我理解也受到了打扰。[11]如今,想什么和做什么都不再被理所当然地认为是简单的事情。伦理学解释不能再像以前那样进行,因为缺乏其地图所能解释的意义范围,我们又重新转向了我们的人性,我们被抛入世界以用其他方式寻找我们的道路。因为性别问题随着我们的人性而出现,因为它已被编入我们对自我理解的结构之中,所以思考性别伦理就是要不断地提醒这一方向,这一我们人类被召唤的开放性。沿着出现于后现代的探究路线,就是重新研究一种解释性著作,在其中,伦理学这一审慎实践以其他方式返回自身。

思考性别

性别在这些问题上是复杂的,因为它被比喻为一条引起混乱的线——破坏真理的确定性、错误地行为、削减正常的期望、使自然的东西变得困惑并颠覆我们的思想。性别作为思维的范畴而出现,我们的人性在其中得到反映。这样,它揭示了我们将自己理解为什么,并允许我们以特别的方式表现我们的人性。与此同时,它质疑这一自我理解,并批判这些表现。性别思考的这一双重特征,即既允许从表征(representation)中揭示又允许退居,或许是目前争论中最为显著的特征,它使性别伦理成为一个丰富而复杂的讨论。

思考性别在最普遍的意义上意味着,在我们人性的处境中思考做女性是什么和做男性是什么,沉没于日常经验中,充满平常的困境与不解,在思考中由文化和语言所塑造。性别是我们思考差异的一种方式,因此,它成为什么是女性所独有的和什么是男性所独有的一个标记,并且它使我们想知道我们为什么不相同以及如何不相同。因此,同样地,它是我们思考共同人性的一种方式,思考是什么使我们成为能共同生活、相互交流和能够建立关系的存在物。因此,思考性别是人性自我反思的一种方式,它特别存在于关注我们完全抛入世界的人文科学中。性别也是我们语言的特征。因为西方思维是在印欧语系中执行的,我们的语言是性别化的这一事实影响了我们所能言说、思考与理解之事,以及我们思维的结构。看到性别这一语言维度可使我们认识到在语言之外没有什么地方可以立足,来挑战通过我们所思考的语言而给予我们的东西。因为性别与我们如何理解自己以及我们思考与交流的语言有关,故它触及到我们生活与做人之根本问题。当我们思考性别时,我们就在这些问题之中,不能完全分开来处理它们,因为当我们思考它们时,不能将我们的人性置于脑后,也不能找到思考它们的其他方式,因为无论我们走到哪儿,语言都跟随着我们。

与此同时,性别是思考我们人性的一种主要方式,这质疑了我们的思维形式、推理与方式。最近几十年,将性别作为主要理论范畴的兴趣日益浓厚,作为理解随西方启蒙而出现的我们人性的方式,受到了质疑。人们不再简单地假设性别是自然所给予的或普遍相同。悬置这些假定时,关于性别在人类社会经验中的建构问题,关于在性别框架中塑造人类个体的问题便出现了。在19世纪的主要思想中出现了性与性别之间的区分,前者被认为是我们身体的自然特征,后者被认为是我们社会身体的文化特征。围绕这一区分,性别理论与性别研究开始形成,出现了一个学术研究领域,在这个领域中探究这一文化特征的形成与影响。在性别研究中,既有对我们已接受的对我们自己思维方式的批判,又有对我们人类在语言与文化的社会建构上的证明。对一些人来说,性别研究导向一种抵抗政治与改变社会结构的方案,及一种困惑与证明自己身份的个人议程。思考性别的这一基本形式,在此可以被勾勒。

性别与生物学

在西方思想中,生物学出现于19世纪,作为生命科学,它在自然背景中通达自然与人类生命的基础。作为对生命之物质本质的研究,生物学提供了一条理解物质身体之形式与结构的途径,连同它们的正常特征与功能,并指出了对它们起源与生存模式的解释。因为生物学强调被认为是我们生命的基本方面,所以它在当代西方思想中有着特别的地位。能够将性别根植于这一科学所开启的物质世界的现实中,能够证明性别以自然身体的形式出现,都为揭示真理提供希望。为了知晓这些要知道什么是最真实的和最自然的,这样就能理解性别自身的基础。然而,性别是一个自我批判的范畴,因此,也同样是在19世纪出现了对这一关于什么是自然的思想的挑战,以及我们对作为人类生命之基础科学的生物学的投入的不安。

托马斯·拉科尔(Thomas Laqueur)的著作有助于追溯这一发展。他认为"性别"一词的意义经历了转变,从归属于一个共同类的概念,转变为区分同类成员的概念,而且当代的生物学促进了这一转变。此外,性别作为有生命物种男性成员与女性成员之间的性差异而出现,且被理解为更高生命形式的明确特征,并因而被特别理解为人类形式。研究生命就是面对这一性差异,并理解其影响力和解释能力。因此,拉科尔如我们所知仔细地研究了18世纪晚期性的构造,"两性……被发明为性别的新基础"[13]。研究生命的新技术与新设备的持续发展,为生物学家打开了这一性差异与一些更深差异之间的联系,例如性器官、肌肉结构、荷尔蒙循环,及新近发现的染色体模式与基因构成,所有这些都适合于经验考察。在这个意义上,将性差异描绘为性别的基础可被认为是一个特别丰硕的科学范例之最重要因素,人性可发现自己在其中得到了反映。

性别首先是作为一个批判性范畴而出现的,因为它质疑所有与这一差异有联系的事物,特别是性别与性的等同。因为连同身体特征的描述而来的是一长列的特点、行为、属性、趋势、社会角色以及德性,它们与这些明显的生命事实相联系。追问它们之间以及生物事实与社会事实之间的联系是一个性别问题,并挑战说这种联系是人类的构造。这些联系是建构出来的。然而,这类联系似乎是必需的,所有与性别区分有关的事情都能被认为是自然的,是属于事情自身的方式,形成创造并保持我们为女性和男性的要素。这一关于自然、既定事实(givenness)、本质的假定正是性别问题所质疑的。因此,拉科尔写到:

> 自18世纪以来,主要的,虽然绝不是普遍的观点是有两种稳定的、不可通约的、对立的性别,并且男性与女性的政治、经济与文化生活,他们的性别角色不知何故都基于这些"事实"。生物学——稳定的、非历史的、性别身体——被理解为社会秩序的规范性陈述之认识论基础。[14]

作为这类挑战的结果,"性别"一词开始被用于构造的特点、行为、属性、趋势、社会角色以及德性,在变化着的社会实践与社会结构中形成,且在特定社会中形成女性与男性的生活,虽然"性"这个词的开始使用是不同的,生物学正是依赖于这种不同。

但是,在第二种情况中,性别作为一种思维批判而出现,当它质疑这一区分的必要性时,这一有生命物种的男性与女性成员之间生物学的差异,被认为是完全真实的。在这一点上,思考性别变为颠覆,不是颠覆建立在生物学基础之上的联系,而是颠覆具有自身基础的实质主张。这一性差异的影响被认为是深刻的,因为似乎有生命的事物都依赖于它以使它们所属的物种延续,以使存在的生命物种具有多样性。若非有此差异,生命绝对不会以我们所知的形式存在,这一主张被感知及被信仰的终极性给予性别差异在这一科学中一个关键地位。福柯所精心论证的在当代生物学出现中基本信念所形成的方式,对我们思考性别是有帮助的。生命被理解为以所设定的秩序维持我们的基本驱动力。它"变为一种根本性力量",其经历"被假定为物种的最普遍法则,以它们为基础揭示那种原始力量"。他指出,生命"像不能控制的本体论那样起作用",且在其明确表达中,性差异的强迫接受起着最关键的作用。[15] 在当代生物学中注意到性差异的出现也是揭示这一有关生命的基本假定,生命自身也据这种假定而建构。因为,如果这一区分仅仅被视为许多可能的有趣理解有生命存在物方式中的一种,如果我们开始质疑承载这一区分的生命概念,那么,我们开始提出有如下可能:通过这种生物学的理解方式可能有其局限。它可能做不到以我们所期待的方式向我们揭示我们自己。通过思考性别而产生的生物学的问题,让我们在性别伦理中思考本质与生命的问题。

性别与人文科学

对性别的思考在整个人文科学中有着重要的地位,通过人文科学我们研究人类的本质与形式、个人与社会生活的风格与模式。在人类学与心理学中,在社会学与政治学中,性别出现了双重能力,要求性别问题浮出水面,并批评在这类科学中使用的性别假定。因为这类思考我们人性的方式是随着启蒙而出现的,这一学科乐于提出比之前所能获得的更好的人性解释并绘制出更好的人性图景。极大的能量与热情,它们所产生的充满信心的预期,将它们的信徒带出欧洲到世界上遥远的地区,带回昔日去寻找事物曾经是怎样的,并进入人类思维结构的深处。在所有这些之中存在的信念是人性可能向其揭示自身,能更充分地理解自身,且结果会有更好的生存方式。性别在这些科学的讨论中出现于三个重要领域,提出它的问题扰乱了人文主义者所持的信念。

性别所提出的问题与这些科学所制造的主张的普遍范围有关,正如它们对人性的概括。关于女性与男性在所有地方经常是什么和做什么,或关于性别在组织人类社会生活中的普遍地位方面所做的综述,都受到了挑战。并且,我们被要求考虑我们理解力中这些断言的逻辑与功能。作为经验归纳,它们显然在归纳研究项目以考察其准确性上富有成效。一旦它们被宣称根植于某些更确定的知识,要用其他方式被理解而不仅是观察与经验,那么它们就暴露了其自身作为考察人性之立场、观点的局限性。同样地,性别所引发的问题与寻找起源有关——寻找经济实践、或社会秩序的原始形式、或作为公共领域的城邦之早期形式。在这里,发现目前生活所形成的实践与形式之经验的原初时期和经验根源的期望,被怀疑是将现有的联系与兴趣带给过去。因此,虽然女性中的交际,或私人家庭的出现,或加诸身体的禁忌,可被认为有解释性力量来说明我们现在的生活方式,但这些发现也会遮蔽过去的陌生性,及其对我们的作用方式。因此,同样地,性别引出了有关人类思想结构的问题。拉科尔又提出,"如果结构主义告诉了我们什么的话,那就是人类将他们的对立感放入了一个具有持续差异与相似处的世界。"[16]在性别差异中所显现的二元思考模式,在哲学传统中具有最为深刻的意义,就像在个人的精神生活中的重要性一样。然而,性别本身既体现又躲避包容它的结构,并且在它超越我们思想中,似乎仍然吸引我们超越我们自己。

在这每一种探究领域中,人文科学都依赖于生物学,以之作为一种基础性的学科,通过它才能在伦理思考中理解并使用真实的人性。因为让性别去挑战人类理解的这一基础,去批判现代人文主义的解释学中的生物主义,就是开始打开一条思考我们思维自己的批判性途径。我们所能声称的人类的普遍事实,我们所相信存在于人类起源中的,我们所理解为人类思维的运作——性别在每个地方都出现了其怀疑的解释学,以质疑塑成人文科学的各种假设,及以此方式思考对女性和男性意味着什么。在每一种情况中,性别挑战遍及人类生活、本质及目标依据其得以形成与维持的当代人类理解力的构架性讨论。质疑这些讨论就是开始探究人类自身作为研究客体的出现,并开始与福柯一道想知道为何及如何"在19世纪末之前,**男性**并不存在"[17]……我们逐渐理解自己,我们在历史上是怎样的,使用怎样的语言来表达我们的存在,这些知晓与言说形式是如何包进我们对上帝的知晓与言说——所有这些都是性别所引出的问题。性别理论提供了一种思考这些问题的途径,就像在其不同表现形式中,我们能通过它批判现代的人文主义。

因为性别问题是通过对有关我们自己的知识的怀疑态度,并通过对在历史中和文化中我们的知识框架建构的意识而形成的。这些问题同时延续了启蒙的批判性思维,并打乱出现于其视野内的科学,这是后现代思考性别的特征,它是我们今天所处的位置。性别批判揭示出拉科尔所写的"差异与相同的不稳定性",它"处于生物学企划的正中心,依赖于优先的和变化着的——还可增加政治的——认识论的基础。"[18]这一不稳定性在人文科学中是显著的,这通常是性别所触及的我们思维的最为敏感之处。包含在这一批判中的是一种更深的批判,它也与我们此处的兴趣点有关,即性别理论质疑现代主义中伦理学的主要基础是什么。认为伦理学根植于我们的生物学,这些生物学事实形成一种既定的人类本质,它在不同的社会制度中表达自己,并在个人的险境重重的生活中得到有力地证明,是我们当代西方思想遗产的一部分。它在如彼得·辛格的文集中也有表达,其开篇的章节在动物的社会生活之背景中讨论"伦理学的起源"。[19]无论这是否仍能提供对所有人性的统一讨论,无论它作为世俗的形而上学是否是可持续的,无论它自身作为讨论是否是伦理的,及实践的考虑是否将促进人类生活的完善,无论其神学基础作为达至神圣的途径是否仍然可靠——这些都是性别引起我们注意的问题。

注 释

[1] Gerard Hughes, SJ:"Is Ethics One or Many?",交付英国道德神学教师协会的未版论文。转引于 Kevin T. Kelly, *New Directions in Moral Theology*: *The Challenge of Being Human*, London: Geoffrey Chapman, 1992, p. 20.

[2] Mary Midgley, *Beast and Man*: *The Roots of Human Nature*, London: Methuen, 1980, p. xiii.

[3] John Macmurray, *The Self as Agent*, London: Faber & Faber, 1969, p. 204.

[4] 参见 Richard Rorty, *Contingency, Irony, and Solidarity*, Cambridge: Cambride University Press, 1989.

[5] Peter Vardy and Paul Grosch, *The Puzzle of Ethics*, London: HarperCollins, 1994, p. 15.

[6] 现在出版的研究伦理学的论著为这一文本领域之增长提供了充足的证据。参见 Peter Singer, ed. : *A Companion to Ethics*, Oxford: Blackwell, 1994; Wayne G. Boulton, Thomas D. Kennedy, and Allen Verhey, eds. : *From Christ to the World*: *Introductory Readings in Christian Ethics*, Grand Rapids, MI: William B. Eerdmans, 1994; William Schweiker and Charles Hallisey, *Companion to Religious Ethics*, Oxford: Blackwell, forthcoming; Robin Gill, *A Textbook of Christian Ethics*, 2nd ed. , Edinburgh: T. & T. Clark, 1995; Ronald P. Hamel and Kenneth R. Himes, OFM, eds. , *Introduction to Christian Ethics*: *A Reader*, New York: Paulist Press, 1989.

[7] 首先,阿拉斯戴尔·麦金太尔的著作《伦理学简史:从荷马时代到20世纪的道德哲学史》(Alasdiar MacIntyre, *A Short History of Ethics*: *A History of Moral Philosophy from the Homeric Age to the Twentieth Century*, London: Routledge & Kegan Paul, 1976)在此十分重要,另一本著作是约翰·麦浩尼的《道德神学的产生:

罗马天主教传统研究》(John Mahoney: *The Making of Moral Theology*: *A Study of the Roman Catholic Tradition*, Oxford: Clarendon Press, 1989)。
〔8〕 对许多研究伦理学的人来说,麦金太尔对亚里氏多德的揭露被认为是这类批判的一个典型。当我们读到"在讨论过程中,亚氏概念的所有光芒最后都退落成为特别狭隘的人类存在形式辩护"时,伦理探究就不再是一如既往的样子了。麦金太尔:《伦理学简史》(MacIntyre, *A Short History of Ethics*),第83页。
〔9〕 Gill, *Textbook*, p. 24.
〔10〕 Friedrich Nietzsche, *The Gay Science*, trans. Walter Kaufmann, New York: Vintage, 1974.
〔11〕 Søren Kierkegaard, *Concluding Unscientific Postscript*, trans. David F. Swenson, Princeton, NJ: Princeton University Press, 1968.
〔12〕 Thomas Laqueur, *Making Sex*: *Body and Gender from the Greeks to Freud*, Cambridge, MA: Harvard University Press, 1992, p. 150.
〔13〕 Thomas Laqueur, *Making Sex*, p. 6.
〔14〕 Michel Foucault, *The Order of Things*: *An Archaeology of the Human Sciences*, London: Routledge, 1997, p. 278.
〔15〕 Thomas Laqueur, *Making Sex*, p. 19.
〔16〕 Foucault, *Order*, p. 308.
〔17〕 Thomas Laqueur, *Making Sex*, p. 17.
〔18〕 Mary Midgley: "The Origin of Ethics", See Singer, *Companion*, pp. 3-13.

第 2 章　作为性别伦理的女性主义

一些对性别的伦理思考方式在各种形式的女性主义中得到了论证,而这些女性主义自启蒙时代就已开始形成。女性主义参与西欧和北美的政治与社会变化,并加入这个时代所形成的思想新运动。女性主义在这些发展中形成了自己不同的特征,并促进了这些发展。现代女性主义呈现出三种十分不同的研究伦理学的方式,对它们做一概括有助于我们此处的研究。[1] 每一种方式都运用着一种不同的讨论善的形式,并企图将我们的注意力引向这种善,以及特别是女性实现这种善的方式。每一种方式都为伦理学的文本领域提供了一种不同的观点,并作为女性而对这些文本——它们对可能被发现或假定存在的事情提出了挑战——进行了批判性的阅读。每一种方式都促进了对作为一种审慎实践的伦理学的理解,并特别鼓励女性进行这种伦理思考,并将这种思考作为一种使她们的生活变得不同的方式。通过本章每一部分对女性主义伦理学三个维度的关注,我们可以看到女性主义思考形式是如何强调我们的人性问题的。

这些强调形式处于一种新人文主义的建构之中——这种新人文主义来自对改变的热情,而改变则是后现代主义出现的特征。这种人文主义是作为对在世界之中进行认识、评价和促进改变的人的一系列基本肯定而出现的。具有核心重要性的不仅在于人类要求占据这一关键角色,而且在于这种要求意味着普遍性与包摄性的假定。能够考虑所有的人类分享一系列共同的特征,或一种共同的人性——这为现代伦理思考的建构提供了框架。在这一框架中,思考性别变为女性主义的主要批判性工具。

倾听在这些女性主义形式中进行着的全世界范围的讨论,我们能够听到一个重新出现的问题——怎样设定女性?性别的女性主义思考在探寻这一问题的答案中得以形成。因此,女性主义伦理学的每一种形式都使性别在对我们人性的一种全面理解中的地位与意义变得清晰。因此,在这本著作中,女性主义既依赖又批判产生它们所从中出现的人文主义。本章的三个部分分析并反思了伦理地思考性别的这些不同方式。

平等伦理

现代女性主义的最早著作都热心于政治与思想的改变,而这也是自由主义诞生的特征。自由主义相信人性必须要从牺牲大多数人的利益而为特权者谋利的经济结构中解放出来、从限制思考与信仰自由的宗教权威中解放出来、并从限制获得权力的政治制度中解放出来,自由主义乐观地表明人性可以有效地为这个世界带来一个更加美好的未来。自由派女性主义通过试图理解与表达这种自由对女性的涵意,而将女性的声音加入到这种改革精神之中。这种女性主义性别伦理的基本特征是要求在现实中、在新的政治与宗教制度中、在新的社会组织形式与我们的思维方式中,宣布一种普遍的人性——性别在这种人性中似乎没有合乎逻辑的位置。因此,这种性别伦理声称在女性与男性之间没有根本的差异,在任何被理解为我们的基本人类本质的品质或能力上也没有根本的差异。并且,这种性别伦理试图在政治与社会、哲学与神学改革中实现这种信念。

我们可以在自由派女性主义伦理学对善的讨论中找到这种暗示。我们的注意力在此被引向人类自身的完善。成为充分的人是每个人的最高需求,这种需求既被理解为人的心灵获取知识能力的精神实现,也被理解为变为上帝在神圣图景中所创造的人这种精神召唤。在此,我们每个人都被要求成为一个凭借我们自身能力的人。因此,玛丽·沃尔斯通克拉夫特(Mary Wollstonecraft)声称:"值得称赞的抱负之首要目标是获得一种作为人的品质,而与性的区别无关;并且这个简单标准是检验次级观点的试金石。"[2]这种充分人性观念的核心是一种人的根本平等。因此,我们被定义的人性,是某种被我们每个人分享的东西,或者被平等地给予我们每个人的东西。自由派女性主义者坚持认为这种平等是根植于我们作为人所拥有的推理与理解的能力,并且性别的区分在思考能力中不起任何根本性作用。对理性能力的强调可被视为神学洞见的一个进步,这种洞见认为上帝将个体的人创造得对上帝话语的聆听与听从既积极反应又竭力负责。这种上帝给予的自然——我们在其中被创造为不同的生物——为女性主义的以下主张提供了基础:"理性与道德良心的共同拥有"现在指"男性和女性作为有限的、历史的人的实际能力。[3]"因此,自由派女性主义变成了一种单自然(one-nature)神学人类学的世俗形式。[4]

自由派女性主义者在整个伦理学的文本领域中寻找这种思考性别方式的先例,并鼓励在形成与指导当今的伦理实践中使用这些著作。女性和男性平等地拥有人性的根本善这一观念,既提供了一个判断伦理文本之合理性与正确性的视角,又提供了一个批判或拒斥那些未能通过种判断的伦理文本的平台。在当代女性主义早期,柏拉图被选为可能的第一位女性主义哲学家。因为我们在《理想国》中看到,精英阶层的女性在她们的生活中可以免于各种身体与社会限制,为的是与她们的兄弟们一道履行政治义务。这对女性主义而言,柏拉图至少肯定了女性与男性具有相同的基本理性能力,并因而也是对城邦负有责任的公民,甚至也是有思想的哲学家。对神学家而言,宗教传统的教规式和解释性文本也因它们对这种创造主题的关注而受到了考察。女性主义者认为在西方宗教传统的著作中,这意味着对创造女性与男性之解释的详细分析,以确定性别平等是否及以何种方式被写入到这些著作中。对基督教神学家而言,圣保罗断言在宣布基督的再创造中既没有男性也没有女性,这使人们认识到在教会中信徒之间是平等的,而这也成为关键的伦理文本——性别差异在其中并没有造成任何区别。[5]

更近的启蒙著作对这一平等伦理所促进的审慎实践的出现有着重要意义。要求形成作为普遍有效的绝对命令的道德法则的康德的道德形而上学,它置服从这些法则的义务于每个人的自由意志之上,是这一伦理的重要文本。特别是,康德坚持自由作为人类个人的必要条件(sina qua non),被道德地表达为尊重作为目的自身的人,被作为所有人尊严的基础,而不论任何塑造他们生活的社会、生物、或历史因素为何。[6]于是,功利主义的文本也具有重要意义,因为它基本肯定了人类在此生命中对幸福的寻求。我们应当寻求最大多数人的最大幸福被哈里特·泰勒(Harriet Taylor)和约翰·斯图亚特·密尔(John Stuart Mill)理解为计算的问题,女性的生命质量是整个社会秩序福利的结果。这种概念在当代伦理著作中找到了表述,它们为正义概念提供了理论框架,自由派女性主义在此框架中实施其政治思想。约翰·罗尔斯对"原初地位"的描述,在其中伦理决定的制定者不知道自己的生活情境为何,来保证一个公平公正的结果,是这一性别盲视的重要文本表述,这对一个正义与理性的社会秩序十分重要。[7]同样地,哈贝马斯的"放大思考"(enlarged thinking)艺术体现了这一对道德观的考量,从该道德观,通过理性论证,可从中发现普遍利益。[8]

通常,自由派女性主义对不公平地处理文本的做法提出挑战,这些做法包括仅仅复制它们被写作的文化背景或历史处境,而对提升我们共同人性的原则的理性形式却没有给予应得的关注。因为这些原则被认为是永恒的和普遍适用的,所以在一种意义上,它们并不包含于任何特殊情境或辩论,并因此,要求它们的一致性是很严格的要求。性别正义不仅扩展到整个公共世界,而且扩展到家庭的私人世界,这意味着平等规范的无例外通达。[9]在神学伦理学中,这成为一种预言的意识,即创世者的意志超越和挑战我们对他的影响力所设定的边界。犹太教和基督教自由派女性主义者将这一防御边界理解为男性特权的断言,这一特权将男性的社会地位和宗教与政治权力凌驾于女性之上。在这一意义上,它们是违抗上帝意志的罪恶冲动的实例,上帝的意志意指所有人而非一部分人,它还通过对服从的要求而挑战所有的世俗秩序。路德(Ruether)对基督教传统中男性至上主义的批判,或许是牢记这一准则对文本领域最彻底的解读。因此,在最近的著作中,她追溯了"基督教要求在基督中普遍的和无所不包的救赎"的历史,它提出了这一研究的指导性问题:"如果女性得到耶稣基督的平等救赎,为什么基督教教会在社会与教会中却持有继续强化的男性至上主义?"[10]

有了共同人性中的这一基础,自由派女性主义者呼吁女性们承担她们充分人性的挑战,这样她们也能被包含、被承认和被接受为拥有和其兄弟同样的尊严与自由的人。这被政治地表达为要求权利,被道德地表达为要求这些权利分配与份额上的一致性。从每个人都有权拥有的人权开始,女性主义者鼓励所有类型社会制度的改革,全世界女性一个巨大的未完成企划现在被包括了进来。完成这一企划意味着仔细地算出具体到细节的整个平等的范围,但最一般地包括机会的平等、代表的平等、条件的平等和自由的平等。形成这些平等,挑战制度中任何对它们出现的抵制,及保持对女性平等之进展的仔细检查,变为自由派女性主义的主要伦理任务。在这一事业中,对这一共同人性的可见确认标志及其他存在的确切迹象有着持续的要求,这样我们就能够向我们自己保证我们在实现它们中所做的进步。

这一坚决的主张强化了以性别歧视态度和父权结构为形式的恶的问题,这形式未能达至上述平等原则并经常使得女性在视野之外和被贬低其价值。因此,这一性别伦理必须既坚持女性的到场,特别是占有人类自由与义务上的公平份额,与此同时,肯定女性与男性之间的特殊差异本身并无价值,而只是人类未能顺应我们自己的人性理念的结果。因此,女性的出现应只是为了消失。她们作为女性而出现应只是为了抹掉她们特别是女性的身份。她们强调差异是罪恶的结果,只是为了寻求最终的根除差异以建立完全平等的新秩序。对那些生活建构于没有差异的差异之外的女性们,此处有一些真实的实际与牧师的考虑,并因此那些声称差异最终是空无内容的断言的人只是为了再次消除它。这揭示了一个存在于这种形式的性别伦理中的难题。自由派女性主义将自身建基于对我们人性不考虑性别的理解之上,认为女性在所有显著的人格特征与能力上与男性相似,然而它特别关注女性和为女性辩护。女性的差异问题困扰着这类形式的女性主义,使它特别易于受到露西·伊利格瑞(Luce Irigaray)的简练问题的攻击,"对什么的平等?(Égales à qui?)"[11]

然而,这一平等伦理在形成当代世界的政治与道德思考上有着深刻的影响。或许如《联合国普遍人权宣言》这样的文件中所包含的陈述尝试最充分地表达其正义社会秩序的理念,在其中性别差异、种族、国籍或信条不被认为是机会、代表、生活条件与基本人类自由的重要决定因素。因为这一理念的扩展已覆盖得如此广泛以实现其普遍性,且因为其主张要求记录朝向广泛包容的变化之可见的标志,仍有大量的工作要做。人们的这一跨越国家边界的共同誓约会提供一个世界秩序的框架,还可能有助于发展人类生活的和平与全面繁荣所需之条件,是一种持续的希望,这种希望致力于消除所有形式的基于性别的歧视。[12]因此,这一伦理同样支持在宗教团体内,争取女性完全涉入所有层面的义务与所有领域的工作。犹太教、基督教和伊斯兰教也都应该在其结构中体现其追随者完善人性的确认,这是对这一伦理所要求的女性与男性共同人性的一以贯之的关注。

差异伦理

积极要求女性与男性之间差异的女性主义代表了另一种性别伦理,它为女性打开了一种据自己的标准伦理地思考的方式。与自由主义同时代的女性主义者强调女性与男性之间的自然差异,并试图承认这些不同的品质或特征以重估她们作为与男性平等、即使不是实际上高于男性。

自然派女性主义随浪漫的人性本质概念而出现,同样创立于苏格兰启蒙运动,十分强调个人生活中的感情与同自然世界的缱绻,是过完善人类生活的资源。这一进路的基础是相信我们生为有性别的人,或者是女性或者是男性,因此我们所持有的普遍人性概念是一个抽象。因此,这是一种声称女性与男性自始至终有异的伦理观,性别被写入我们生活的整个构造之中,且所需的是角色与关系的社会秩序,在其中性别身份能够得到表明。对这种关于我们人性的什么是真实的和善的理解之吸引力在于它对什么是自然的宣称,及其它所推崇的社会秩序,其中的差异允许以一种平衡的和互补的方式繁盛,这将是女性和男性一起实现的。

  这一伦理中有关善的讨论在启蒙思想的另一潮流中找到了自己,在我们的具体化的人性中查找我们人的本质。人性本质的善是基于来自我们本性的品质,在我们的推理与选择中用不同的方式表达它们自己。在这些思考与决定的过程中,我们证明属于我们作为女性和男性的不同本质。因此,什么是善并不发现于自我反思的抽象训练,而是被直觉地知晓为编织于我们的生物学构造之中。这意味着我们作为有着不同的器官与荷尔蒙、不同身体能力与身体结构的有性别的身体的形式,在人类之善被经历与表达的方式上也是有差别的。这种作为我们根本人性之善的表达成为塑造我们关系与行为的诸种价值,因此在这一伦理中,有一种意义是对自己真实的需要、对我所是的性别人的真实性之寻求。在神学上,这种强调存在于双本质(two-nature)神学人类学中,"一种互补的人类学,如它被知晓的……其中的性是相互补充的,不仅仅是在生殖的层面上,而且是在人类存在的所有范围上"[13]……这样一种如奥内尔所称的"性的两极视野",给了我们关于什么是善的不同观点、解决其实际要求的不同方式,以及活动的不同领域,我们在日常生活里的这些活动中实现着那种善。

  这种随启蒙而出现女性主义形式的新奇之处,是来自女性的坚决主张,她们应被重估其不同本质。这要求女性主义者对伦理学文本的艰难而反其道而行之的解读,在传统伦理学文本中女性在父权式的文字下被生生活埋。因为这一差异伦理被理解为西方传统中对性别的最持久解释,所以由现代人文主义者所带来的新工作要求对女性与男性之间事物的新评价方式。最冒犯女性的文本的流传,且广受欢迎的著作,如玛丽·戴利(Mary Daly)的作品,这些作品也尖锐机智地表达了它们的恶意,是对贬低女性以提升男性的传统的适当不敬的一个明证。因此,戴利认为男性制造来并返回父亲神的序列神话产生于男性的自恋,形成对父权秩序的迷恋,是"整个宇宙所盛行的宗教"[14]。不同于传统解释中将女性的本质看作下等或危险的,自然派女性主义呼吁一种对积极与创造性能力的新意识,这些能力属于女性的体验,它们在世界上的给予生命和关怀行为中表现自己。这些应给予其应得重视。它们应被重估为平衡社会秩序所必需的,维持生命自身所必需的,以及培育世界中的和平所必需的。

文本领域性别化本质的显露,使差异女性主义者考虑通过对男性规则的颠覆来获取重估差异的资源。在这一颠覆上,有两种策略。其一是企图重新发现那些被掩藏的、被男性遗忘或男性写得过多的妇女写作传统。这在传统上是考古学的工作,它仔细挖掘贮藏丰富的文本资源并将那些可能以其他方式述说的碎片拼凑起来。在神学上,圣经写作中重新发现"她的记忆"是这一方法的一个例子,它试图从碎片对"基督教起源进行女性主义神学重构"。费洛伦查(Schüssler Fiorenza)认为父权制"不应被允许取消基督教妇女斗争、生活和领导的历史与神学,她们在圣灵的力量里言说、行动"[15]。这一策略还要求揭露哲学的起源,妇女的思考在其中被隐藏了,这样今天的妇女就会相信她们自己也可以成为哲学家。[16]妇女重新估价的另一策略是在显示女性之不同的文本创作中完全放弃传统而进行新的书写。这一介入文本领域的方式质疑何为复兴,因为这些复兴只能用于证明和扩展传统的权威。取而代之的是,它要求一个完全新的事物,一个书写女性的事物,新伦理学会从中出现。[17]这些策略引起了圣经理解的共鸣,在圣经的理解中神圣的智慧是世界上分散的存在,将边缘处的事物带到中心。女性作为"寂静地处于揭示之外"应该变为其鲜活的证据,是这一写作所指向的希望。[18]

这一差异伦理中的审慎实践要求妇女个人意识的觉醒,当她们参与"潜入和浮出"存在于其中的真实自我的过程中时,触及其最真实的形式,而并非将女性包裹在她们自己的价值中的社会习俗与传统实践。因为此处所包含的伦理思考必须是这样一种,以维持权力的颠覆和新出现的妇女到场。这要求妇女面对她们在人性文本历史中的不可见与沉默,并找寻它们的替代谱系。因此卡罗尔·克里斯特(Carol Christ)写道:

> 当代女性的精神探求始于对虚无的体验,自我充足形象缺失的一种存在体验。她超越于虚无经验的探询的动力,未被受陷于与盛行神话的妥协中,是根植于一种图景和一种**超越**的体验,无论多么短暂,她将自身认同于这一图景。[19]

使女性回归她们自己要求调准到她自身的物理体验,并通过这一意识,意识到对这些生命运动的更广泛联系,我们在这些本质自身的臂膀中得到支持和前行。这是如卡特·黑沃德(Carter Heyward)所说的"爱欲力量"之洪流,它使我们坚立于使我们惊怖的虚无面前。[20]此处,妇女发现她们自己广泛地根植于我们作为人间生物所拥有的本质,且正是在这一本质中,超越性在身体中被找到。回到自然,回到物理学,是重新去发现生物的女性根基,并重画人性的谱系,这条线回到夏娃而非亚当。在这类思虑中,存在着对形而上学的拒斥而支持物理学,这是一种女性主义的阅读,阿德瑞娜·卡瓦丽罗(Adriana Cavarero)"撒开柏拉图"[21],将伦理传统的象征物上下倒置。

在差异伦理中有一些对女性与男性的本质是解释问题这一概念的抵制。这部分地是由于解释行为带来了笛卡尔二元论的所有包袱,在这种二元论中人们站在身体之外决定其价值,就像在一个遥远的地方一样。成为更大生命之流的参与者的概念帮助在自我之中克服这种分离,这一更大的生命之流使我存在，且我在其中发现自己得以实现。这部分地是由于一种使女性可见的女性主义兴趣，及承载起对拒斥的拒斥要求全体一致的标准与一些普遍的共同身份认同的宏大宣称。然而正是女性质问父权制传统的这同一问题："我是那个名字吗"，也能被没有在它种种术语中看到或找到自己的女性用来放在这一女性主义差异伦理身上。[22]如果这一身份不是通过思考的过程呈现，那么，它就必须是既定的，它决定任何个体妇女的生命，恰如历史上曾发生的那样。的确，如果从一种评价到另一种评价的媒介不是个人的自由选择，那么妇女继续成为在她们控制之外塑造她们力量的无助牺牲者。这些力量在社会上使她们符合她们的恰当角色而不顾她们的情感或态度。这些问题困扰着差异伦理，带来有关妇女身份的困境。因为它似乎依赖于女性和男性本质的概念，必要的性别化，建构于"不可通约的生物学"[23]。这是否仅仅只是一种以女性主义的方式言说生物学决定命运？这一差异女性主义的一个结果是关怀伦理学（ethics of care），在某种程度上预示着休谟（David Hume）的伦理思考路径。[24]休谟认为爱不是一个抽象的事件，而是一个人关系中亲近与包含的事情，在卡罗尔·吉利根（Carol Gilligan）对女性用以道德言说的不同的声音之发现中注入了新的动力。[25]她声称妇女作为与他人相联系的存在而参与道德推理，是对与他人隔离的自由主义思想者的批判，并指向对伦理学中的关系的强调，关切适当关系的培育与维持。在这里吉利根注意到妇女对权利话语的矛盾心理，这可能要求她们撕开其生命所嵌入的相互联系的关系结构。重视这一不同声音的可能性引向新的思考——成为一个自我是什么，以及牺牲与爱这类伦理概念意味着什么。同样，这一伦理挑战了公共生活反映男性强调自主个人主义的方式。社会鼓励关怀共同体的利益，以及在尊重人们之间正确关系的孕育，是对女性强调的积极结果。的确，公共领域的重新排序使被分离出来的私德出现，这或许是最鼓舞人的社会生活的人文化方式，它促进和平与和谐的繁盛。在一个全球暴力和自然界重大灾难频发以及个人与社会生活规则日益增长的时代,这一女性独特的伦理之出现将我们唤回我们完整的人类品质,以使女性和男性平衡与互补地共同生活。

解放伦理

第三种女性主义性别伦理存在于解放的思想与伦理学框架之中。这是三种女性主义伦理形式最晚近的一种,它来自19世纪的自由主义对政治的挑战及资本主义对经济的挑战,特别在马克思主义中可发现。此处,在理解我们人性中重要的是认识到我们自己被制度的决定因素,它们形成我们出生与生活的物质条件。因此,这种伦理地思考性别的方式引起我们考察,我们在日常生活的实际与实践社会背景中是如何被建构为女性和男性的,从而揭露人类被奴役的共同形式。其预设性别是一种社会建构,我们作为个体的人,通过带有我们所生活的社会特征的语言、实践及规范,被构造地去适应它,被塑造在这里并非指向人类本性,而是考量超越二元论遗产的性别的未来建构。

在这一伦理中有关善的讨论的特征是,确信什么是真的和善的是特殊历史情境、物质环境和它们所产生的社会条件的产物。因此,据称,不存在这类由我们的智力实践所发现或推导的纯粹形而上学真理,也不存在穿越各种时空与文化伪装的永恒人类本性。这些事情超越了我们的认识。更准确地说,我们相信为善的事物是某种我们从我们的文化中所接受的事物。我们从与我们共同生活的人们所习惯的实践中得到它,它反复灌输为一套我们社会位置与历史阶段之特征的价值。这一伦理学形式所要求我们的是观察与分析这些什么是善的概念是如何建构的,接着洞悉更加依赖人力实现的社会变化的过程。因此,或许是19世纪第一个社会学家的哈里特·马迪内(Harriet Martineau),她观察到女性与男性的生活是如何塑造为维持善所需的角色与行为,这种善是英国和北美社会经济条件所需的。[26]男性学着如何在生产与交换制度中工作,妇女在婚姻和家庭制度中被教导她们的社会职能及生育实践。因此,我们被以两种不同的生活方式被建构,在整体的社会角色与期望框架中做出我们的决定。不同的环境会向作为人类的我们提出不同的要求。因此,在我们所具有的性别角色中没有什么是固定的或永恒的。如波伏娃(Simone de Beauvoir)后来声称的:"一个人不是生为女性,而是后来变为女性。"[27]

这里需要的是另一种对伦理学文本领域的批判性阅读。首要任务是论证性别在不同历史情境与语言模式中的建构。主导这些解读的一个主要预设是,伦理文本是历史文本,反映并强化共同的文化预设,并因此不具有跨越时间或空间的权威性。在伦理学的文本中寻找,不是先验推理实践,也不是更世俗的盛行的有关信念与确定无疑价值的表达,而是揭穿传说的伦理著作的永恒与普遍性、无私性和无所不包性。此处的怀疑的解释学提出了一个有关每一种文本的基本问题——它的写作是为了谁的利益?对妇女地位的描述有助于我们看到,如马迪内所说的,"伤害存在于这种体系之中"[28]。通过将权力关系体系引入我们的关注中,我们可以开始将它们质疑为不同性别身份形成的根本原因。因此,解放派女性主义者质疑产生出了匮乏、冲突、定居或殖民的不断变化的环境中的性别身份与性别角色的模式。在整体上,男性的社会建构地位是最有力的,而女性的社会建构地位是被排除在外的,是体系外的无权者。描述什么对女性是善的和什么对男性是善的,对他们行为与态度、美德与品格的建议,都形成于这一体系化的权力关系之中,是在性别文本中进行性别建构之批判性论证的重要一步。

这一证明的要点是揭露意识形态,特别是揭穿"自然"的神秘,体制通过这种意识形态维持其权力。我们作为女性和男性是什么的概念在本质上是由我们所生活的现实之外的本性所固定,这一概念被有权力者运用以维持秩序并让人们各守其位。因此,据称,我们在伦理文本中所发现的是一套统治观念,它们表现得像是世界的某些本质特征出现在我们面前。因此,姬达·勒娜(Gerda Lerner)开始在《父权制的产生》一书中追溯"主导性观念、符号和隐喻的发展,通过它们父权制性别关系融入西方文明",并在这一作品中"演绎产生这种观念或隐喻的社会现实"。[29]演绎这一根本的社会现实给予了我们批判性的优势,通过它们我们能够挑战权力的现状,并颠覆我们被给予的身份与角色。当然,这些社会现实在宗教上也被使用,它们所维持的意识形态被作为神学真理而运行。作为一位解放派神学家,多罗蒂·索勒(Dorothee Sölle)特别尖锐地表达这一点,她宣称所有的神学都是宗派。通过将神学的兴趣从永恒真理问题和上帝的抽象理论,移向在权力的借口中的勾结问题,移向在无权者中的上帝存在的确认,她将我们引向对我们信仰的批判性解读。呼吁我们认识到对上帝的信仰增强性别不正义的方式,这会敞开我们的眼睛和耳朵听到圣母颂(Magnificat)所宣告的好消息,即上帝现在是"与低下的、被剥夺权力的和被伤害的同在,且……通过他们说话"[30]。

通过认真对待马克思主义的格言:哲学的目的不是理解世界,而是改变世界,解放派伦理策略性地考虑改变的有效行为。为了给性别的二元建构松绑,采取的方法包括考虑广泛的可能行为。改变我们在公共生活中处事的方式,会给人类带来新的维度去点亮那些并不很好地契合于流行的女性和男性的定义,并会给持续的不满提供既定模式作为诟病对象。此外,这一伦理捕获文本领域以发现创造性变化的瞬间及行为、言说和思考的方式,通过它们既定的性别身份发生有效的改变与颠覆。格瑞斯·詹特森(Grace Jantzen)对基督教神秘传统的研究证明了这一方法。她研究这些并未与私人化的谦卑与服从的精神美德共谋的妇女声音,这些美德"被用于保持妇女在教会和社会中'安分守己'"[31]。更确切地说,她发现"虽然遭受着深深的压迫,这也是事实,即从这一神秘传统中,特别是(但不仅是)从一些妇女的神学主义者那里,得出创造性与鼓舞人的努力,将思想与行动的边界推回,这些解放就能实现"[32]。找到这些抗议"父权制技术"[33]的位置,为当今的妇女离开这些"危险的记忆",在我们时代重新建构施行和宣布性别正义的新的抵抗与团结共同体创造了可能性。[34]

这一文本领域的阅读已经揭示了包含在这一伦理中的审慎实践的类型。伦理推理首先是认识与揭示性别建构的问题,其次是分解这些作为人类权力的构造,第三是定位有效的口头与行动上的抗议活动,新的社会现实会通过这些抗议活动而形成。这一实践包括人们理性判断能力与解释生活环境能力的锻炼,与第一种平等伦理的方式十分相同。这里仍需要某种阿基米德支点,通过它我能够判断事物的模式,但它自身却由这一模式决定。这是一个易受攻击的位置,且这一性别伦理的弱点开始出现于它对一个还未建构出来的位置的依赖,它处于构成人类历史的广大的和横扫一切的权力结构中。解放的伦理依赖于对超越性别二元论的吁求,被理解为社会建构范围之外的我们人性的一个维度。伦理所试图解放的正是我们自己的这一维度,这样我们就可以争取对我们最真实的生活,那意味着不遵照社会习俗与传统强加给我们的两性模式的新生活。[35]因此,作为性别批判的这一伦理使我们能重新获得我们人性的共同之处,超越我们继承自历史、语言和文化的约束与范畴。它将作为女性或男性的我们带到决定我们性别自我的共同问题面前,并要求我们一起考虑和重塑事情从此处起会发展成什么样。

这一性别伦理表达了一种对在妇女生活中生活情境之积极改变的渴望,及更加正义的社会建构之渴望。经济与社会结构要考虑到未授予权力的妇女促进了世界上的许多解放运动,妇女在其中寻求自由以重新安排她们的生活。这些运动对妇女根深蒂固的角色与职能的文化观念形成挑战,且体现了对地方经济关系模式的威胁,这些地方经济关系对妇女的整个人性来说,现在被视为是压迫性的和不正义的。妇女们对从这些观念与结构中解放出来的可能性之信念,已经带来了一种重塑她们自己生活之义务的意义,且决定性地参与到改变她们生活条件的努力中去。这些改变会为女性和男性带来更多人道的社会联系正是这一伦理所持的期望。因为其信念是人类比父权制所允许的结构更富复杂性与更为积极的创造性,且在我们人性中未发展的和未表达的潜能存在着它的激发性力量。在这里仍是一种神学的表达,即在对即将到来的王国的承诺中,生活转化的潜能已经被给予了我们。因此,这一伦理体现了对一种解放的神的信仰形式,这一神在历史上代表那些非人而行动,挑战与颠覆权力体系,以及在正义与和谐共同体中将万物达至完臻。

这些不同形式的女性主义伦理学揭示了在性别中思考人性时所出现的一些问题。女性主义者热衷于挑战启蒙人文主义,考虑女性和男性的存在意味着什么,以及我们的基本人性之发展与完成如何可能被实现。对平等派女性主义者而言,将会指导这种实现的伦理是这样一种伦理,在其中性别区分只有临时的效用,而不是一个根本的角色。我们人类的推理判断能力以及界定我们为独特的人的基本意志自由,都由女性和男性所共有。因此,性别差异的被关注,只需直到它们变为在社会上和政治上不具重要性为止,到那时没人会再注意到性别差异。差异女性主义者提出的伦理是,我们在其中完全被理解为具有性别的人,这样问题就变为允许充分认识与表达每个人的差异。此处,性别化的评价是重要的,不论是对这两种基本本质的否认或者承认都具有意义。出于个人的性别言论或行动在这里变成了一个重估价值的个人工作或政治工作,在其中差异问题十分重要。解放派女性主义者反思性别的社会建构,它将女性和男性放置在不同的权力地位上。一种恰当的伦理将致力于颠覆建构了这些差异的结构,这样我们人性之更完善的理性可能性就可能被授权和解放。在新的关系格局中,何种性别化会出现在我们面前,这是值得期待的。[36]

贯穿这些女性主义性别伦理形式的是与现代人文主义之间充满矛盾的关系,它们依赖于它,且同时受到深刻的批判。这些女性主义通过提出性别问题困扰着这种人文主义,同时,我们开始了解何种更深的问题可能是我们更深入思考所需要的。在这一任务中,直接采用女性主义对作为关于善之讨论、作为文本领域以及作为审慎实践的伦理学的某些指控,将是颇有裨益的。因为这里有同样的两难问题,同样的依赖与批判,它们在这一持久问题中浮出水面——女性怎样呢?通过研究一个更深入的问题——伦理学是否是男性的学科,我们在下一章转向这一挑战。这会将我们指向一些伦理学的更深的困惑,它们在对性别的思考中体现出来。

注 释

〔1〕 对它们的进一步叙述可见于 Susan Frank Parsons, *Feminism and Christian Ethics*, Cambridge: Cambride University Press, 1996。

〔2〕 Mary Wollstonecraft, *A Vindication of the Rights of Woman*,再版于 Alice S. Rossi, ed., *The Feminist Papers*, New York: Bantam Books, 1973, p. 42.

〔3〕 Rosemary Radford Ruether, *Sexism and God-Talk: Towards a Feminist Theology*, London: SCM Press, 1983, p. 103.

〔4〕 参见 Mary Aquin O'Neill: "The Mystery of Being Human Together",见 Catherine Mowry LaCugna, ed., *Freeing Theology: The Essentials of Theology in Feminsit Perspective*, San Francisco: HarperCollins, 1993.

〔5〕 《迦拉太书》(*Galatians*), 3:28。参见 Elisabeth Schüssler Fiorenza, *In Memory of Her: A Feminist Theological Reconstruction of Christian Origins*, London: SCM Press, 1983,有对这一作为教会的平等信徒之形成的解释。

〔6〕 Immanuel Kant, *Groundwork of the Metaphysic of Morals*, trans. H. J. Paton, New York: Harper Torchbooks, 1964:"自由必须被预定为所有理性存在意志的性质", pp. 115-116.

〔7〕 John Rawls, *A Theory of Justice*, Oxford: Oxford University Press, 1982, pp. 17-22.

〔8〕 Jürgen Habermas: "Discourse Ethics: Notes on a Program of Philosophical Justification", *Moral Consciousness and Communicative Action*, trans. Christian Lehnhardt and Shierry Weber Nicholsen, Boston: MIT Press, 1990, pp. 43 ff.

〔9〕 参见,例如 Susan Moller Okin, *Justice, Gender and the Family*, New York: Basic Books, 1989.

〔10〕 Rosemary Radford Ruether, *Women and Redemption: A Theological History*, London: SCM Press, 1998, p.1.

〔11〕 Luce Irigaray, "Equal to Whom?", *differences*, 载 *A Journal of Feminist Cultural Studies*, 1:2 (1988), pp.59-76.

〔12〕 联合国网站提供了相关文献资料,包括《普遍人权宣言》(*Universal Declaration of Human Rights*)、《欧洲人权公约》(*The European Convention on Human Rights*)和《妇女人权》(*The Human Rights of Women*)的参考指南。网址:http://www.un.org/Overview/rights.html。

〔13〕 Aquin O'Neill: "Mystery", p.149.

〔14〕 Mary Daly, *Gyn/Ecology: The Metaethics of Radical Feminism*, London: The Women's Press, 1984, pp.37-39.

〔15〕 Schüssler Fioreza, *Memory*, p.36.

〔16〕 参见,例如 Michèle Le Doeuff, *Hipparchia's Choice: An Essay Concerning Woman, Philosophy, etc.*, trans. Trista Selous, Oxford: Blackwell, 1991.

〔17〕 参见伊莲娜·西苏(Hélène Cixous)的"美杜莎的笑声"("The Laugh of the Medus", trans. Keith and Paula Cohen),见 Elaine Marks and Isabelle de Courtivron, eds: *New French Feminisms: An Anthology* (Brighton: Harvester Press, 1986)一文中对女性作品的描写。

〔18〕 Mary Grey, *The Wisdom of Fools? Seeking Revelation for Today*, London: SPCK, 1993,第2章、第10章。

〔19〕 Carol Christ, *Diving Deep and Surfacing: Women Writers on Spiritual Quest*, Boston: Beacon Press, 1980, pp.11-12.

〔20〕 参见 Isabel Carter Heyward: "Undying Erotic Friendship: Foundations for Sexual Ethics"),见 *Touchign our Strength: The Erotic as Power and the Love of God*, New York: HarperCollins, 1989.

〔21〕 Adriana Cavarero, *In Spite of Plato: A Feminist Rewriting of Ancient Philosophy*, trans. Serena Anderlini-D'Onofrio and Áine O'Healy, Cambridge: Polity Press, 1995.

〔22〕 Denise Riley, *Am I That Name?: Feminism and the Category of "Women" in History, New York: Macmillan, 1988.

[23] Thomas Laqueur, *Making Sex: Body and Sex from the Greeks to Frend*, Cambridge, MA: Harvard University Press, 1992, p. 154.

[24] 参见 Joan C. Tronto: Moral Boundaries, *A Political Argument for an Ethic of Care*, London: Routledge, 1993.

[25] Carol Gilligan, *In a Different Voice: Psychological Theory and Women's Development*, Cambridge, MA: Harvard University Press, 1988)。还可参见 Tronto, *Moral Boundaries* 第 2 章中对休谟的讨论。

[26] Harriet Martineau: "Women", See Alice S. Rossi, *The Feminist Papers*, extracted from Martineau's *Society in America*, ed. Seymour Martin Lipset, Garden City, NY: Anchor Doubleday, 1962.

[27] Simone de Beauvoir, *The Second Sex*, trans. H. M. Parshley, New York: Bantam Books, 1961, p. 249.

[28] Martineau: "Women", p. 141.

[29] Gerda Lerner, *The Creation of Patriarchy*, Oxford: Oxford University Press, 1986, pp. 10-11.

[30] Dorothee Sölle, *Thinking about God: An Introduction to Theology*, London: SCM Press, 1990, p. 70.

[31] Grace M. Jantzen, *Power, Gender and Christian Mysticism*, Cambridge: Cambridge University Press, 1995, p. 20.

[32] Jantzen, *Power*, p. 23.

[33] Ibid., p. 24.

[34] Sharon Welch, *Communities of Resistance and Solidarity: A Feminist Theology of Liberation*, New York: Orbis Books, 1985; *A Feminist Ethic of Risk*, Minneapolis, MN: Fortress Press, 1990.

[35] Rosemary Radford Ruether: "Dualism and the Nature of Evil in Feminist Theology", *Studies in Christian Ethics*, 5:1(1992), p. 39.

[36] 女性主义者将这些不同流派的差异带到一起的成果结集为 Seyla Benhabib, Judith Butler, Drucilla Cornell, Nancy Fraser, and Linda Nicholson, *Feminist*

Contentions: A Philosophical Exchange, (London: Routledge, 1995)一书中的讨论;及 Alison M. Jaggar, *Living with Contradictions: Controversies in Feminist Social Ethics*, Boulder, CO: Westview Press, 1994.

第 3 章　伦理学是否是男性的学科

▶▶

　　伦理学这一学科所描绘的是人自己。人自己被理解为进行各种与善相关的对话的人——这些对话都汇入了伦理学的文本领域。自我执行着揭示关于我们人性的真理的任务,它站在遥远的地平线——我们此生的旅程就是以它为方向。同样,自我也对做好事提供伦理指导。这一工作将人自己吸引到伦理学这一独特的审慎实践上来,并在什么是真的和什么是应该成为的这两极之间移动。这种作为伦理学主题的自我,变成了一种媒介形象(mediating figure)。它为人性的其他部分提供伦理视野——这些部分也会被相同的洞见所捕获,并作为遵从被给予的建议之结果而一起被带入更好的生活。因此它是一种人性与其自身之间的媒介,为了使我们的生活变得更好而向我们呈现自己。它为了我们的利益而在终极善的视野与我们生活的普通行为之间进行调解——这些行为可能会以某种方式受到这一视野的影响。这样,人自己就在伦理传统的形成中形成,而现代主义把这一伦理传统据为己有。

　　然而,对现代主义的批判已经在作为一种性别伦理学的女性主义中开始了。因为女性主义已经以不同的方式指出现代自我是一个男性,所以伦理学的主体是以男性的自我理解与自我决定为模型的。这种批判所产生的女性主义伦理学形式最为看重伦理主体的角色,这种女性主义伦理学就是平等伦理学。因为,当女性询问关于她们自己作为女性的存在问题时,她们就对这种主体运用他自己的推理而划定的隐秘边界提出了挑战。她们作为平等的人而被包括在这一描绘中的要求就马上变得既是多余的——因为心灵假定是"不存在性别"[1]的,又是必需的——如果主体确如所声称的那样。思考性别平等所开始揭示的,正是这种主体作为一个理性存在,一个思想体之独特性中的矛盾。思考性别差异就是通过提出另一种伦理反思方式而使这种主体的运作变得不安。差异女性主义者(feminists of difference)拒斥通过这种主体的错误的无所不包的理性所提供的调解,他们主张提出另一种伦理学的主体,女性可在这一主体的思虑中得到独有的描绘。将人类主体严格地限定为男性,就取消了女性自己作为这种主体的空间。解放女性主义者(feminists of liberation)通过强调女性的独特性而对这种主体提出了另一种挑战——这种独特性不是关系性(relationality)中的一个核心质料,而就是关系性的一个中心。在此,重要的是以在经验中能够被确信为正确与合适的方式去改善结构与关系的实践维度。这种形式的女性主义伦理学在对主体的改变中允诺这将会构成男女两性的自由。在这三种女性主义中,伦理学的主体——被看做男性的自我,作为现代主义伦理思考中的一个主要形象的地位,都受到了挑战与动摇。

然而,这一问题也使女性主义受到了动摇,因为它也同样是一种现代思考的产物。各种女性主义性别伦理学也假定了这种主体的存在,并依赖于这种主体的审慎实践——尽管是以不同的方式解释这种主体的。女性主义所运用的批判性思考揭露了现代人文主义的主体是什么,并在这种意义上,削弱了现代人文主义的自负。但是,在女性主义的伦理分析与伦理建议中,似乎仍然存在着同样的方式进行描绘的主体,它在什么是与什么应该之间起着相同的媒介作用,并且通过它对存在于此的事实的解释而向我们呈现我们的人性。因此,虽然这种主体的特定的性别化本质被要求说明自己,但是人文主义伦理学所执行的任务仍由某种类型的主体所产生。因此,所出现的问题是:女性主义是否已经取代了这一主体,或者说是否已经试图使女性占据这一位置?本章将开始更为仔细地探讨这一问题。我们首先通过考察伦理学是否是一门男性的学科开始研究女性主义者的挑战。认为伦理学表达了男性在具体的世界经验中的主观性是一种现代批判,而这种批判的一种更为后现代的形式则认为伦理学自身是作为主体的男性的建构与规则。其次,这些挑战引起我们考察一些男性(masculinity)理论,这些理论试图重申男性是伦理学的主体。最后,我们将转而探讨两种改变伦理学主体的可能性,它们分别是由塞拉·本哈比柏(Seyla Benhabib)和安东尼·吉登斯(Anthony Giddens)提出的。他们两人都试图回应女性主义对伦理学主体的挑战。

男性制造的伦理学/伦理地制造男性

女性主义著作都有一个共同的控诉:伦理学是男性的世界经验以及他的思考方式的产物。在《理性的男性》(*The Man of Reason*)一书中,吉纳维夫·劳埃德(Genevieve Lloyd)考察了"理性是'男性'这一主张"[2]。她的考察追溯了阳性(maleness)与阴性(femaleness)概念在西方传统哲学文本中呈现的过程。劳埃德研究的核心是他深信这里存在更多的"危险",而不仅仅是描述一种智力活动。因为她指出:

> 在西方文化中,理性不仅是在对信念的评价中被描绘的,而且也是在对人格的评价中被描绘的。它不仅被包含于我们的真理标准中,而且也被包含于我们对作一个人是什么、对作一个好人所必须满足的条件以及对我们作为认知者与我们生活的其余部分之间恰当关系的理解之中。[3]

因此,她的著作试图考察"人格理念"在西方传统中是如何以理性观念为中心的,并进一步论证这一理性观念中存在一种"隐含的男性特质"——它的运作建构了性别差异。这个"男性—女性区分本身并不是被用作直接的描述性分类原则,而是作为对价值的一种表达"[4],并且通过在人的推理中显现她们的价值,女性希望能够"使理智类型与人格对男性和女性都能同样的多样化"[5]。过去不必成为我们的规范,但却可以成为我们为当今生活绘制新的可能性的源泉。

劳埃德在此提出了一个对女性主义性别差异著作已经很重要的主张,即西方思想传统所表达的是男性,使男性思考并使他自己变成完全的人。女性主义者试图揭示这种提出他对自己理解的这些代表性的男性主体,并假装好像对真理的诉求是客观的和公正的。洛林·寇德(Lorraine Code)认为认知者的性在认识论上是十分重要的。她提出,认知中的男性在宣扬一种完美的理性中抛弃了主观性、关系与处境。相应地,女性的认知就被表现为不重要的和令人讨厌的,从而支持从男性的分离立场所得出的对现实的更为真实的解释。[6]因此,人们假定道德知识——对什么是善的和正确的知识,将来自这种男性的推理。人们在这种推理中远离趋向客观性的经验,远离趋向普遍真理的事实。注意到哲学传统的这种大男子主义就是要扭转[男性的]这种自负、揭露普遍背后的事实以及揭露普遍化主张背后的特殊观点。把普遍性的理性男性拆穿为只不过是时间与空间中的特殊现象,这是对弥漫于西方伦理传统中的那类理性的挑战。

这种思考所采用的形式也被认为反映了男性主体。男性的想象是对立性的[7],他的思考模式是二元论的,以致强迫接受这种理解形式就会引起两极化。对立大量存在着,从人与自然的分离——这样自然就变成了服从男性专横的智力好奇心与技术统治的王国,到男性自己的分裂——因为他通过一种顺从的道德感而使自己的情感与身体冲动屈服于更高的理念。从古代毕达哥拉斯的对比原则之表格(Pythagorean table of contrasting principles),到当代结构主义者对想象的二元形式之坚持,都可看到这种承载着价值的高等与低等、更完美的与较不完美的、自我与他人的区分。这些对立面在有关善的讨论中都有所反映,它们所继承的根源是柏拉图主义,并以形而上学的方式思考伦理学——这是西方传统所难以打破的。女性主义神学家在基督教神学中也找到了这种对立性思考。

如达芙妮·汉普森(Daphne Hampson)所指出的那样:"我们已知的宗教形式都是由男性所创造的,它们与生活于父权制中的男性的自我理解是一致的。"[8]男性以为他们自己生活在有限的独立于神圣世界的世俗世界之中,因此,他们寻求着自我超越的途径——通过自我给予(self-giving)或自我倾空(self-emptying)的行为,运用女性被排除在外的伦理行为范式——但这却是"深深地满足了男性"[9]。将伦理学的任务理解为克服这种对立,在这里开始作为男性的变得善的企划。

这对许多女性主义者来说意味着伦理学揭示的是男性的价值,在伦理学文本中所整合的是对男性自己品质与能力的不断提升,以及对男性生活问题的不断强调。女性主义者经常指出分离的焦虑困扰着所有这些解释。这在一方面或者表现在从子宫中被挤出而进入到孤独的自我制造之谷时母亲的遗失——这种遗失转变成一种虚张声势的"驶离女性的航程"[10];或者在另一方面,这表现为早期所记得的在自己能力不充足意义上的对父亲的恐惧——这种能力不充分通过依据父亲的高标准使他自己变得有价值而被克服[11]。这种价值的生产揭示了一种伦理考量——这种考量被理解成是为了生产,为了自我创造。并且在这种价值的生产中,人们对欲望的控制和思想与感觉的修炼变得很重要。吉利根对道德发展的一些结论揭示了思考,通过思考这个男性在其身份的形成中学会行动。吉利根指出这种思考的中心隐喻是镜像(mirroring)。伦理推理的自主自我学会成为脱离作为其必要特征的情感和对义务之服从的一种反映[12]。能够在逆境中坚持自己的立场,并且有能力做出成就——这些成为一种实践,通过它,人的生活得到判断。这种身份要求"男性使自己位于图景的中心,将世界视作与他们相关"——这就是女性主义所要质问的伦理学与神学的所有文化作品中的形象。[13]因此,汉普森让我们注意"在建构有关自信、权利与自主的讨论中"的男性个我论 ——"女性主义的女性发现它们是如此的不可能"。[14]这种自信成了女性主义者对男性偶像崇拜谴责的中心议题——汉普森并不是唯一一个发现这在基督教伦理学与神学中是如此普遍,并试图完全抛弃其神秘与体系的人。

伦理学的主要讨论就成了有权者与统治者对无权者和被统治者的一种霸权式断言,而没有听到任何女性的伦理声音,也没有使女性成为主体。如果伦理学已经是性别化了的,那么弗洛伊德所注意到的差异——"女性的伦理标准是与男性不同的"——这使女性处于被衍生的地位,并被界定为缺乏男性所具备的能力的人。[15]这种差异存在于男性和女性——他们寻求一起工作或一起解决他们共同生活的困境——之间出现的众多争执与误解之中。我们作为女性和男性看待事物的方式是不同的——男性来自火星、女性来自金星[16],在这一表征下所隐藏的是男性主体的伦理学建构。因此,女性主义者如汉普森和吉利根会认为,除非女性也能在有关善的讨论中设置对她们自己很重要的区别,并能够在著述的伦理学文本中表达她们的需要与希望,且能参与她们自己的协作性审慎实践形式,否则伦理学将是一门不将女性写入其领域的排斥性学科。改造这种外在性立场、重新绘制道德领域、重新评价被贬低的他者、重新形成自我的概念、重新设定概念——这些都是女性主义者在响应将伦理学揭示为男性学科时所使用的说法。然而,还有更多需要说的问题。

在我们的语言中所描绘的是另一种将伦理学言说成一门男性学科的方式。因为,虽然本书这一部分强调了女性主义者将伦理学的积极协商的主体揭示为男性的方式,但在另一种意义上,伦理学的主体还被理解为一个接受被建构的主体——通过伦理学这一学科的运作而被制造为男性。伦理学制造男性,这一主张预示着对我们人性思考的一种改变。这种可能性已经开始被描述于女性主义解放伦理学的框架之中,因为它对塑造人类生活之结构的强调意味着性别也是这样一个适合个体的人的社会与语言范畴。这里存在着对任何形式的设定肉体或生物现实是远离社会建构的自然主义的拒斥,并且这一挑战使得伦理学的表达性意见受到了困扰。通过我们的伦理价值与决策,我们表达自己的先在本性——伦理价值与决策这些后来者倾向于允许它们的实现——这种观念在社会建构主义的强烈主张中得到了抬头。因为,如同解放主义者已经开始提出,关于什么是自然的信念并不先于实践与制度,或者是它们的基础,而只是它们的伴生辩护与解释。通过我们的伦理学表达我们人性的观念是人文主义原真性的意识形态——它实际上用于阻止任何全面的批判与对改变的考虑——的一个重要特征。因此,伦理学在整个历史上表达的是否是男性,以及从现在开始,它是否应该变为表达女性?这对于建构主义者来说并不是这里的重要问题。

相反,一种理性批判所揭示的是特殊的伦理学形式是如何嵌入到它们自己时代的意识形态中的,并因此被用于使我们所有人都成为性别化的存在。对伦理学是男性的学科的这种形式的论证预示了哲学在转变为批判性文化理论中所出现的问题。这种变化是与作为自主的理性主体——即女性主义如此致力于取代与贬低的男性形象——的人类之死亡相一致的结果。现在有可能研究"男性的构造"(configuration of masculinity),通过它"特别性别化的现代男性主体……,男性……被唤醒、被暗示、被建构与被复制……"于我们的现代理论中。[17]说到被制造成一个主体,就是把我们的注意力投向文化神话——它们紧紧结合于一种塑造了我们行为与思考的表征结构与语言实践中。随着我们对人类从他们所栖息的文化素材中形成方式的理解在对它的分析中变得越可靠,意识自由之任何精髓——被假定存在于每一种这些文化产品中——的保留,无论多小都变得越不可能。继续将我们的信仰放入这一私人空间会给无权者一种权力的幻象。然而,已经证实,对我们的生活施加权力的是无意识地产生了人类主体的性—性别体系自身,并且伦理学是这个体系不可分割的一部分。在这一批判中值得注意的是,伦理学仍然用于将男性制造成他所是的特殊的性别化主体。相应地,男性被制造成一个被权力/知识王国的警惕性目光所监视的主体,一个法律规则统治之下的城邦主体,以及一个在他的深思熟虑的推理中迷失的主体。接受这些论证就是将我们对性别伦理学的讨论转入一种清晰的后现代背景中,这是接下来的三章将要仔细探讨的问题。

重申男性主体

在对女性主义的挑战与分析的回应中,出现了多种试图重申男性身份的关于阳性的观点。这些观点在一些情况下是对那些被公认为无可非议的批评的回答,但主要是要肯定男性和阳性自身。与女性主义一样,这些观点也可被放置于广泛的哲学立场。它们提出对男性处境的有分歧的分析,并为积极的社会与个人改变提供与众不同的建议。在开始进行这种研究时,关于阳性的观点已经面临着一个既涉及他们兴趣之实质,又涉及实现他们兴趣之方法的问题。在一种意义上,研究男性主体所进行的是一项已经形成于西方理智与文化传统中的为人熟知的工作,因此,很难理解在此项工作中有什么东西会是新的。但是,因为男性主体已经成为现代人文主义的一个问题,所以对他进行更为仔细的考察就是承认男性不再是规范性的。他不再代表所有人进行言说,而且他关于自己人性的观点是可以被调整的。他希望肯定的主体已经遭到了动摇。在方法论上,这引出了关于此研究的政治立场的一些有趣困境。论证男性也是一个被一种支配性的性别体系所建构的主体,就是声称他们与女性平等地遭受着压迫,然而被研究的体系本身被理解为一种为了男性的利益而运作的体系。如何能够不暗自强化那种体系,以及不将谦逊的与改善的男性重新设置于其中,而推行这一研究,是困扰这些观点的一个问题。在女性主义者的批判中指明阳性身份是什么本身就变成了一个最为敏感的伦理问题。

阳性与同阴性一样,是一个有争议的领域。在提出"一幅该领域的地图"中,肯尼斯·克拉特鲍(Kenneth Clatterbaugh)提到关于阳性的各种不同观点。每一种观点都提供了"一种作用于它们的力量与它们会乐于做出的改变的理论"[18]。在这些理论中,就像在女性主义中一样,我们注意到许多形成这一领域的张力及其研究方法。在造成"不可避免的父权制"[19]的生物决定论,与发现阳性是由文化模式与历史进程所定义的社会建构主义这两方面之间存在着张力。前者将社会生物学家的最近研究成果与他们的研究联系了起来。无论是强多样性决定论者与弱多样性决定论者,都试图恢复男性高于女性的自然基础。从这些自然差异中得出个人与社会的道德准则会导致一个强大的与秩序良善的社会——性别角色在其中被明显地分离并相互补充。为了这一情形得以发生,在面对所谓的"阳性特权的神话"[20]与女性主义的男性至上主义时,男性也将需要坚持他们的权力。回归男性的真实生物本质是这一理论的建议。与这一看法相反的观点将阳性理解为一种不同于男性之充分人性的形式——在男性的物质生活被生产关系所塑造与控制的意义上。在此,思想家们试图理解这种男性的非人化(dehumanization)是如何被女性的非人化所加深的。男性无力对女性施以援助,并且他们在无意中通过他们所做的事情强化了女性的疏远。[21]通过一种反抗的政治学,在相互联系的压迫结构中寻求改变,是女性与男性共同利益之中的一项任务。

同样,在阳性理论中,在作为一种社会角色的性别概念——它自身造成差异,与作为具有无意识原型中深刻的精神—心理模式的性别概念之间存在着紧张。前一种观点试图将男性从对他们的生活期望,以及对他们行为与情感的陈规中解放出来,或者丢弃它们。男性也变得屈从于父权制,被训练得能够实施对女性的暴力与侵犯——而男性需要女性维持他们的生活。这种角色也损害了他们自己的情感与精神生活。变成一个新的男性就要拒斥这一角色,并通过能够给予男性生活以新的指导的方式而肯定做超越性别陈规的人的可能性。[22]在此,一种经济学的批判被扩展为一种普遍的文化批判,就像它在女性主义中那样。这种文化批判对阳性文化建构的强调允许男性也自我反思他们自己身份的产生,以及反思那些为他们的生活所书写的脚本,并使他们确实地认识到也可能存在着一种阳性的多重性。[23]后一种观点寻求将男性回复到他们自己的深深地隐藏的自我。罗伯特·勃莱（Robert Bly）恢复阳性精神性的企划是：这将带我们到"野蛮男性与兽角神（horned gods）"*的领地。[24]这里存在着对男性所具有的差异的肯定——通过深深地降落到存在于集体无意识中的原型模式中。这些模式在形成对性别的永久叙述——这些叙述在历史上的文化变迁中流变——的持久的神秘与象征中得到了表达。人们需要得到理解他们这些解释的钥匙，因为一个男性在恰当地理解这些解释时才可能开始进入真正的男子状态（manhood）。

阳性理论也在神学著作中得到了体现。在圣经研究中，当男性和他们的女性主义同事一起进行着对阳性的探讨，试图通过与这些文本的接触重新思考性别。因此，戴维·克莱斯（David Clines）在研究中提出了三个问题用于考察大卫的形象："在我们自己的文化中做个男性意味着什么？在《圣经》的世界中又是如何？我们对第一个问题的回答如何决定或影响我们对第二个问题的回答？"[25]他的著作是一种更大的神学批判计划的一部分，它为学者们展示了"从他们自己的文化与他们的个人脚本中，恢复到熟悉的他者的前景"[26]的一种方式。与之相对比是那些试图"恢复""男子与女子"观念——如同它们被认为本质上在圣经文本中被确定的——的人的著作。将《圣经》理解为向人类的生活显示上帝的话语指导我们与其性别理念保持一致，并因此与当代文化理念保持批判性关系。[27]因此，同样也存在着一些试图在他们的系统著作中回应性别批判的神学家。例如，尤尔根·莫尔特曼（Jürgen Moltmann）就是这类神学家。他选择"对神学作出贡献"，但却认识到"他自己立场的状况与局限"，这样"神学就不必再是以男性为中心的"。[28]他的这一提议是谦虚的，因为它并不伪装能够代表所有的人性进行言说。这是对神学是一门男性学科这一指责的一种回应。无论这

---

* 兽角神：凯尔特人崇拜的象征成年男性兽角神，兽角脱落象征大自然四季轮回死而再生的生命力量。——译注

些回应是否将改善玛丽·戴利的批判:"如果上帝是男性,那么男性就是上帝"[29],或罗斯玛丽·路德所提出的拯救问题:"一个男性救世主是否能拯救女性?[30]"都突显了这些在神学的父权制传统背景中肯定阳性所陷入的困境。

克拉特鲍希望"我们关于阳性的概念清晰度"以及经验研究上的进展将指引我们朝向能够实现更好的生活的一种有效的伦理议程。[31]他的分析揭示了伦理主体所陷入的困境。这一主体能够通过一种反思过程而得出一些观点,但却常常遭到来自它们视野之外的观点的挑战,并因此也与其他观点处于对抗性的关系。这是一个脆弱的主体,它认识到权力在诸多观点中的每一种之中都被提上日程,因为"大多数观点都认为有问题是镶嵌于阳性的社会角色中的权力关系"[32]。于是,这个主体必须在犬儒主义或怀疑论之间绘制它的路线,因为不存在完全客观的可能的甚或可欲的观点或教条。[33]但是,如果没有任何这些阳性能够在其中找到理论目标或政治目标的定义框架,它的影响最终会逐渐消逝。男性中的多样性与女性中的多样性一样的明显。这种多样性损害了认同感政治(Identity Politics),并使得进一步的研究缺乏清晰的理论中心。阳性的终结已经被宣告,它的对立评价(counter-valuations)工作在改变的思考方式中变得不再重要。[34]然而,在此或许还是存在着一个有益的校正:认识到思考性别与研究性别伦理学是一项解释我们——也包括男性——的人性的任务。于是,性别问题就不仅仅只与女性有关,女性也并不是唯一性别化的被造物。女性并不是以一种使男性的自我理解完整无缺和不受困扰的方式被创造的。如果关于阳性的观点已经体现了这种包含性工作,那么在此就可以肯定它对性别伦理学的一些助益。

改变伦理学的主体

伦理学主体的产生是为了使人类超越排斥、沉默、隐没(invisibility)、剥夺权力(disempowerment)与疏远,并进入到生命将会在其中繁盛的自由、善与真理的光芒之中。现代伦理学的主体可能无力承担这一解放妇女的事业之重任——根据她们自己的能力,将她们作为重要的人而引入公共与私人生活——是女性主义者反对男性制造的伦理学而提出的挑战。在一些情况下,在这种批判与支持女性主义或对性别批判敏感的阳性观点之间可能会结成联盟。无论这些是否更深地模糊了性别问题,还是通过恢复男性主题而减弱改变的力量,都是对它们的一种持续担忧。

然而在现代主义的逻辑中存在着改变伦理学主体的可能性。现代主义的逻辑重新分析了我们对这一运用其自身伦理推理方法的主体的理解。在这一问题上,塞拉·本哈比柏所做的工作是十分重要的。她对源自哈贝马斯的交往行动概念与对话自我概念作了调整,这种调整使启蒙批判与解放思考的发展进入到了一个更深的阶段。她承认性别批判已经使伦理思考的普遍主义传统变得成问题,这种普遍主义的中心是无实体的和无时间的推理自身。在这类伦理学中,女性变成了他者,表现着身体、关系与历史处境。在这一他者性(otherness)之外建构女性的身份可能是对伦理推理的一种纠正,这样建构起来的女性身份变得对伦理主体的观点与处境化更为敏感。然而,这种生动的对立并未充分地强调重新形成对我们伦理推理之理解的需要,以及对性别批判所最终挑战的道德观点的构成物之理解的需要。"实践话语的阴性化(feminization)将意味着对未经审查的规范二元论——诸如从她们的性别背景与潜台词的立场而来的正义与良善生活、规范与价值、利益与需要的二元论——的挑战。"[35]本哈比柏认为,这可以通过重新思考道德自我的身份而实现,以及通过"放置自我"于对话共同体——"放大的思考"艺术可在其中被学会与实践——中而实现。为了实现这两项任务,本哈比柏试图改变伦理学的主体,并提出:"实践哲学中的普遍主义传统如今可以不用诉诸于启蒙的形而上学幻象而被重新形成。"[36]

对本哈比柏来说,道德自我是一个完全个别的独特个体,它"拥有具体的历史、身份与情感—情绪(affective-emotional)构造"[37]。这样一个自我不是早期现代道德与政治理论的"普遍自我(the generalized self)"——这种"普遍自我""要求我们将每一个及任何一位个人都视为具有我们希望自己拥有的同样权利与义务的理性存在"。[38]这种存在是一种抽象,通过其行为主体的能力或其对选择的纯粹自由而被识别。因此,本哈比柏认为它不能在身体、情感、记忆、历史、经验和与他人关系的真实世界中被"个体化"。其实,道德自我是通过关注那些与她存在关系的独特个人,以及与其生活的交织叙述(interwoven narratives),而在这种处境中进行推理的。对男性创造伦理学之性别盲点的校正就是重新接纳女性,且不是将女性作为设置在男性身边的不同道德主体,而是将她们作为以其行动领域界定道德主体本身是什么的人。这意味着承认关怀(care)作为培育与维持人们之间良好沟通的行为模式而处于人类生活的中心。因为,我们不仅通过与和我们分享生活的其他自我的对话而变为我们所是的个体,而且当我们倾听与尊重、关注与尊敬他人的需要、欲望与意图时,我们也学会了扩展与道德思考相联系的意识。因此,交往伦理学"赋予人们承担反身角色距离的**能力**与**意愿**,并重视包含于争论中的他人的观点与理性之能力与意愿"[39]。从这一嵌入的、受阻的、具体的自我开始,我们可以得出一种新的普遍主义概念作为那些设置边界的规范——这种个人可在此边界中兴旺起来,和平地交谈与他们的生命有关的事情,并达成可付诸实施的共识。

  本哈比柏对伦理主体的重申是试图坚持规范批判的可能性。她认为,没有这种可能性,女性主义理论就会陷入"不一致和自相矛盾"[40]的风险之中。她相信这种恰当的伦理普遍主义可以无需通过暗地里再次引出理性的男性而得以实现。她的正义概念之重要意义就在于此,因为她试图移开其规则对公共领域的限制,并重新解释其公正的理念。为使多样性能够不断增加,并使"民主程序的合理性"[41]得到维持,就必定需要一些正义观念作为一种结构。但是,这种正义观念并不是被强加的,而是作为规范在与他人的真实相遇中出现的——因为这种相遇是它们有效延续的条件。因此,通过诉诸于我们伦理推理中的正义,对差异的真正考虑得到了延续而不是被隐藏。不能被放弃的,以及她自己所警告的是"能够批判、挑战与质疑的特定**现代**成就"[42]的一些残余。带着这些残余,女性们仍可以特别地质疑社会习俗。为此,必定需要一些在文化上超越性的原则,并且对获得它们保持开放。对本哈比柏而言,对一个被重新解释的主体之伦理思考的最佳启蒙继承的一种理性辩护,是对现代性企划之普遍幻觉(disillusionment)的恰当回应。

安东尼·吉登斯提出了一种不同的改变伦理学主体的途径。他的《亲密性的转变》(*The Transformation of Intimacy*)的著作重新把性(sex)引入到了性别伦理学中。人们发现以前曾是私人考量的问题现在变成了公共领域的特征。他认为现在"言说革命话语"的是性。[43]他在这本著作中的兴趣点与其说是社会的经济与政治维度,不如说是在"情感秩序"中显而易见的性质变化——即女性在要求她们的平等时,女性与男性之间的人际关系。[44]在这里,通过"可塑的性欲(plastic sexuality)"的出现而产生了一些新事物。这种"可塑的性欲"不再依赖于生育的需要,也不再依赖于性别鉴别之必要生物基础。[45]性的可塑性(malleability),以及性选择之根本多元论的可能性,意味着它解放和民主化男性与女性关系的潜力是巨大的。随着解放政治(emancipatory politics)自身所考虑的从"现代性的内在参照体系"转向了"分配权力的控制","在其生殖方面"遭遇权力的是性欲,并因而在改变伦理学主体上持有不同的解答。[46]他写这本书是为了说明这种变化的一些迹象,以及它的一些伦理分枝。

吉登斯认识到,在当代社会,对社会与自然世界的控制,这一向属于男性的领域,受到了某种分离于情感的理性的发展的促进。他指出,这是对作为"大规模的压抑心理过程"的个人经验,但更为重要的是,它已变成了一种随性别而来的制度性分化。理性越多地实施其社会控制,它越是深深地成为塑造个人自我身份的性别分化的二元准则。因此,"理性从伦理学中被切割出来……因为道德判断与情感感觉被认为是相互对立的"[47]。只要情感被认为是"完全拒斥理性评价与伦理判断的",社会秩序的民主化就会受到削弱。[48]虽然他指出"在公共领域中培育民主首先主要是男性的事情",但现在吸引我们重估情感的却是个人生活的民主化——"女性在其中早扮演了主要角色"。[49]这一重估的实质是"拒绝阳性",即"一项伦理建构的任务。这一任务不仅将性身份,而且将更广泛的自我身份,与关怀他人的道德考量联系了起来"。[50]吉登斯对伦理学主体的改变反映了亲密性转变的过程,其方式要求我们"再道德化"被"推离日常生活"的道德与存在问题。[51]在这一"生活政治"的发展中存在着对强调情感实现的潜在颠覆性影响,它具有"全球政治秩序中最广泛层面上的民主可能性"。[52]

吉登斯的著作可以说代表了男性的那些著作——对这些男性来说,在做男性是什么的观念中所包含的亲密性,是女性主义者质疑性别之伦理主体的一个重要结果。对一些人来说,这种对个人、社会与精神生活之关系性力量的恢复,是从已成为阳性身份形成之核心的危险与恐惧中恢复阳性的最重要的因素。[53]变成一个不惧怕情感的男性,或一个在与他人,特别是与男性的友谊中无助的男性,或一个被隐蔽在"男子汉外壳"[54]之中的男性,就是进行个人的真实性之旅——它既关切使男性完整性更加自然,又关切使上帝为关系而造的人更加真实。这种性别二元论——它非常严重地既影响女性又影响男性——改变的背景是性欲的解放,就像"解剖学不再是宿命"[55],以及性别通过肉欲而变成一种"通过相互性而非不平等权力而形成的社会关系中"[56]的特性。他指出,我们的伦理任务为这种新的"民主个人秩序"提供框架——这种新秩序"为个性提供细节"[57],并为自我反省与自我决定中的个人自主提供保护。性向性别的复归,似乎与个人从政治的返回是一致的。

在这一章,我们考察了人类主体在伦理学中被描绘的不同方式。女性主义提出的挑战是:伦理学的主体是男性,他的理性思考使他远离他所根植于其中的情感与关系世界,从而他的决定既暗示又证明了一种伪装成包括了所有人类的性别二元论。对这一主体的批判对男性代表所有人类所承担的伦理调解提出质疑,指责它无根据的普遍性——这种普遍性建立于对女性的排斥之上。质疑这种调解就是揭示人类服从的动力,而致力于对它的研究已成为后现代理论研究的特殊贡献。在对这种批判的回应中,阳性理论试图将男性恢复为女性互补性的另一半,在其中重新产生了性别差异这一传统问题。另一种回应是使性别伦理学考察伦理学的主体是否会被改变,以及会如何被改变,这样人类主体就会继续发现其他的调解。女性与男性在具体自我的民主政治中相遇是本哈比柏与吉登斯的希望——他们试图使现代性的事业保持活力。对他们来说,伦理思考有可能经受住这一主体的变化,因此在一些方面他们都认为,为了一种新的人性,主体继续践行着它的审慎实践。这是一个仍然必须强调的问题,因为在后现代性中思考性别使我们在做人应该怎样、应该怎样进行伦理思考以及言说人类的升华可能会是怎样的等问题上,通过使身体、主观性与行为者问题化而使我们变得脆弱。这些问题现在在思考性别中浮出水面意味着伦理学的幸存,因为我们知道它可能会被抛入比这种主体变化所暗示的问题更深的问题。我们将在以下三章更为细致地继续探究这一问题。

注 释

[1] Genevieve Lloyd, *The Man of Reason*:"*Male*" *and* "*Female*" *in Western Philosophy*, London: Methuen, 1984;"理性是用于表达真实的心灵本质。如奥古斯丁所指出的,在心灵中是没有性的",第 4 页。还可参见 Londa Schiebinger, *The Mind has no Sex? Women in the Origins of Modern Science*, Cambridge, MA: Harvard University Press, 1989.

〔2〕 Lloyd, *Reason*, p. iii.

〔3〕 *Ibid.*, p. iv.

〔4〕 Lloyd, *Reason*, p. 103.

〔5〕 *Ibid.*, p. 107.

〔6〕 Lorraine Code, *What Can She Know? Feminist Theory and the Construction of Knowledge*, Ithaca, NY: Cornell University Press, 1991。这是一个多产的问题,因为强调从一个词向下一个的转换开启了问题的新维度。

〔7〕 例如,参见 Joan Cocks, *The Oppositional Imagination: Feminism, Critique and Political Theory*, New York: Routledge, 1989.

〔8〕 Daphne Hampson, *After Christianity*, London: SCM Press, 1996, p. 165.

〔9〕 Hampson, *After*, p. 166.

〔10〕 Susan Bordo, *The Flight to Objectivity: Essays on Cartesianism and Culture*, Albany, NY: State University of New York Press, 1987.

〔11〕 Hampson, *After*, p. 166.

〔12〕 Carol Gilligan: "New Images of Self in Relationship", Carol Gilligan, Janie Victoria Ward, Jill McLean Taylor, and Betty Bardige, eds., *Mapping the Moral Domain*, Cambridge, MA: Harvard University Press, 1988.

〔13〕 Hampson, *After*, p. 94.

〔14〕 *Ibid.*, p. 114.

〔15〕 Carol Gilligan, *In a Different Voice: Psychological Theory and Women's Development*, Cambridge, MA: Harvard University Press, 1988, p. 7.

〔16〕 John Gray, *Men are from Mars, Women are from Venus: A Practical Guide for Improving Communication and Getting What You Want in Your Relationships*, London: Thorsons, 1993.

〔17〕 Christine Di Stefano, *Configurations of Masculinity: A Femisnist Perspective on Modern Political Theory*, Ithaca, NY: Cornell University Press, 1991, p. x.

〔18〕 Kenneth Clatterbaugh, *Contemporary Perspectives on Masulinity: Men, Wo-men, and Politics in Modern Society*, Bonlder, CO: Westview Press, 1990, p. 151.

〔19〕 Steven Goldberg, *The Inevitability of Patriarchy*, New York: William Morrow,

1974.

[20] Herb Goldberg, *The Hazards of Being Male: Surviving the Myth of Masculine Privilege*, New York: Signet Books, 1976.

[21] Andrew Tolson, *The Limits of Masculinity*, New York: Harper & Row, 1977.

[22] Jon Snodgrass, ed., *A Book of Readings for Men Against Sexism*, Albion, CA: Times Change Press, 1977.

[23] Harry Brod, ed., *The Making of Masculinities: The New Men's Studies*, London: Routledge, 1987; Julia T. Wood: Gendered Lives, *Communication, Gender and Culture*, Belmont, CA: Wadsworth, 1994.

[24] Robert Bly, *The Pillow and the Key: Commentary on the Fairy Tale of Iron John*, Part One (St. Paul, MN: Ally Press, 1987) 和 *When a Hair Turns Gold: Commentary on the Fairy Tale of Iron John*, Part Two, St. Paul, MN: Ally Press, 1988.

[25] David J. A. Clines: "David the Man: The Construction of Masculinity in the Hebrew Bible," 见 *Interested Parties: The Ideology of Writers and Readers of the Hebrew Bible*, Sheffield: Sheffield Academic Press, 1955, p. 212. 还可参见 Clines, David J. A., Ecce Vir, *or*, *Gendering the Son of Man*, 见 J. Cheryl Exum and Stephen D. Moore, *Biblical Studies/Cultural Studies*, The Third Sheffield Colloquium, Journal for the Study of the Old Testament Supplement Series 266, Gender, Culture, Theory 7, Sheffield: Sheffield Academic Press, 1998, pp. 352-375.

[26] Clines: "David", p. 243.

[27] John Piper and Wayne Grudem, eds., *Recovering Biblical Manhood and Womanhood: A Response to Evangelical Feminism*, Wheaton, IL: Crossway Books, 1991.

[28] Jürgen Moltmann, *The Trinity and the Kingdom of God: The Doctrine of God*, London: SCM Press, 1981, p. vii.

[29] Mary Daly, *Beyond God the Father: Toward a Philosophy of Women's Liberation*, Boston: Beacon Press, 1973, p. 19.

[30] Rosemary Radford Ruether, *Sexism and God-Talk: Towards a Feminist Theology*, London: SCM Press, 1983, p. 116.

[31]　Clatterbaugh, *Masculinity*, p. 158.
[32]　*Ibid.*, p. 159.
[33]　*Ibid.*, pp. 158、160.
[34]　John MacInnes, *The End of Masculinity: The Confusion of Sexual Genesis and Sexual Difference in Modern Society*, Milton Keynes: Open University Press, 1998.
[35]　Seyla Benhabib, *Situating the Self: Gender, Community and Postmodernism in Contemporary Ethics*, Cambridge: Polity Press, 1992, p. 113.
[36]　Benhabib, *Situating*, p. 4 and passim.
[37]　*Ibid.*, p. 159.
[38]　*Ibid.*, p. 158.
[39]　*Ibid.*, p. 74.
[40]　*Ibid.*, p. 213.
[41]　*Ibid.*, p. 16.
[42]　*Ibid.*, p. 74.
[43]　Anthony Giddens, *The Transformation of Intimacy: Sexuality, Love and Eroticism in Modern Society*, Cambridge: Polity Press, 1992, p. 1.
[44]　Giddens, *Transformation*, p. 1.
[45]　*Ibid.*, p. 2 and passim.
[46]　*Ibid.*, p. 197.
[47]　*Ibid.*, p. 200.
[48]　*Ibid.*, p. 201.
[49]　*Ibid.*, p. 184.
[50]　*Ibid.*, p. 200.
[51]　*Ibid.*, p. 197.
[52]　*Ibid.*, pp. 3、195-196.
[53]　J. Michael Hester: "Men in Relationships: Redeeming Masculinity", Adrian Thatcher and Elizabeth Stuart, eds., *Christian Perspectives on Sexuality and Gender*, Leominster: Gracewing, 1996, pp. 84-97.
[54]　Hester: "Men", p. 87.

〔55〕 Giddens, *Transformation*, p. 199.
〔56〕 *Ibid*., p. 202.
〔57〕 *Ibid*., p. 188.

第4章　身体物质

　　由探讨性别所开启的领域之一是身体物质。对性别的思考已经使身体变得成问题了。因为对性别的思考是作为一种对生物学的批判而出现的,这种思考引发了许多令人困惑的问题——在身体中存在的是什么、作为被体现者而生活是什么、被赋予人的身体意味着什么、身体是以何种方式被评价以及个体身体与社会身体是以何种方式相互联系的。朱迪斯·巴特勒通过质问以下问题而提出了曾出现的相关问题:身体是否是性别的文化意义被铭刻在其表面的"一种消极媒介",或者,身体本身是否是可能"在性别标记中和通过性别标记而**形成**"的一种建构?[1]。身体问题是否是一些文化定义与文化范畴的先在材料,或身体自身是否是通过我们对它们的认识与理解而变得相关?这一对身体的理解,以及对身体物质的理解都存在于对性别的思考之中,我们将在这一章对它们给予关注。我们将用两部分作为考察这一问题的框架。首先,我们将考察两种相互冲突的性别观点:一种认为性别是由身体决定,另一种认为身体在性别中是被超越的。这一冲突是贯穿于女性主义对女性具身化(embodiment)之研究史的特点,且如今也在有关男性与男子气的讨论中出现。这会对对立立场之间的辩证法有裨益,在这辩证法中明显体现了对启蒙思维的继承。因此,其次,我们将求助于那些开启了理论化身体之其他方式的后现代作品。后现代思想家为了再次思考身体物质而运用了文本的概念、权力轨迹的概念、文化实践的概念以及历史神学的观念。本章将考察一些此类思考——这种思考远离现代主义的思维传承,并将有助于我们重新理解身体在性别伦理学中的地位。

现代身体

在现代所出现的对性别的批判性思考并不令人奇怪地都遇到了该时代的一个哲学难题,而这一难题与我们如何理解心灵与身体以及它们相互之间的关系有关。在现代哲学史上,通常将形成这一问题的责任推给笛卡尔。笛卡尔特别尖锐地对人类的二元论思考设定了一种模式——随后的思想家们仍在持续讨论着这种模式。笛卡尔的形象在许多女性主义者的著作中得到了大量的隐现,这使得他们很难审读笛卡尔之前的思想史,可以说,那些是未戴上笛卡尔眼镜的思想史。典型的是,女性主义著作假定女性呈现为与身体、情感和热情相联系。这种联系促进并维持了理性男性的呈现,并使男性与肉体上的超越性相联系。无论将心灵与身体分割为两个独立的和在形而上学上不同的实体是否是可在整个西方传统中读到的二元论的一贯模式,或者无论笛卡尔主义是否是我们现在能够借以观察世界的现代思想的一个插曲,都是那些关切性别问题的人的著作中的引起争论的问题。在这一部分,我们将考察两种性别立场,它们可能使我们开始了解一些在其中所出现的伦理问题——假设这种二元论的现代传承为真的话。因此,对一些人来说,性别是思想与决定的理性施用,我们为身体假定这一种身份;对另一些人来说,性别是物理给定(physical givenness),因为身体对这种身份提出了限制性条件。这两种立场之间的冲突为后现代性别思考的出现提供了背景与推动力。

波伏娃与萨特的著作可为考察第一种立场提供洞见,因为他们都探讨了身体是如何通过人的自由而被进入和被生活的。萨特的重要哲学著作《存在与虚无》(*Being and Nothingness*)已经在书名中暗示了人类生命在两种十分不同的存在类型之中/之间扮演的一种路径。[2]一方面,是自在的存在(being-in-itself)——现象世界的存在,即在我们自身之外的世界被制造的原料。自在的存在作为世界的物质是一种仅仅等待着的、被动的、温驯的、可鄙的、粘性的原料,它仅仅在那里,并且我们遭遇它的原始状态会使我们感到厌恶。我们似乎处在某种完全异于我们的存在之中。另一方面,自为的存在(Being-for-itself)是那个纯粹自由的虚无,而这种存在就是人的意识。因此,自由在自在的存在中就表现为撕裂、破裂、空洞、意识的爆发,以使物质接近它自身、使它有意义、通过定义将它塑造为不同的客体、将它形成为实现自由目标的模式、通过计划与图示理顺它的混乱、决定它的本质是什么。自为(for-itself)是人类的终极原则,根据它我可以完全自由地选择。确实,我注定在我生命的任意时刻自由选择我如何在自在中存在。我自由了,我是自由的,并且为了人的自由,我存在是先于对我生命的描述或判断;人的存在先于本质。

设定这样一种存在论,身体就需要得到特别的关注。如自为的存在那样,声称我们是完全自由地创造、界定与塑造我们周围的世界是非常好的,但我们是以何种方式生活于我们的身体中,以及是以何种方式与我们的身体共同生活呢?哪种方式似乎能够分享自在的存在的本质?对萨特而言,我们在此发现身体是自为的存在,因为身体是人的自由存在于世的必要形式。身体是"假定的偶然形式"[3],且因此在它提供虚无的意义上可以说"我存在于我的身体"[4]——我在虚无的处境中、在虚无的方向上、在虚无与自在的存在的联系中。因此,身体处于两种存在的分割线上。这是作为自由的自为与作为物质的自在二者的相遇之处。但是,还有身体存在的其他维度,且这些维度是在与其他人的相遇中被发现的。因为,在他人的注视中,我通过我的身体而变成了一个客体,这样我们的身体变得为他人所知,被他们使用、研究、考察与注视。并且在我存在于我的身体这个意义上,我通过这种客体化而变得被冷冻、粘贴与固定。这种通过他人的眼睛而对我自己的认识,对我而言开始成为一个最为艰难曲折的与他们的关系之旅,我在这一旅途中遭遇频繁的选择——关于我是如何在身体中被认识的。我是否应该拒斥他人对我的描述,或者我是否应该认同并接受它?并且,自始至终我都无法逃脱这样一个事实,即他人对我的认识或想法已经完全避开了我的控制。这样,我在我的身体中莫明其妙地经历着对那些我可能并不负有义务的事情负责,并且我在其中经历着身体中的异化——这种异化十分的敏锐,因为我知道自己是自由的。

这种解释似乎暗示女性和男性的体现是一个纯粹的偶然性问题,它本身并无意义,而当我们恰巧出生于世界中时,仅仅构成我们参与世界的模式。另外,这种解释似乎暗示,我存在为女性或男性的意义是在他人的注视中出现的。这些人看懂我,并告诉我我是什么,且因此,我是在为他人的存在模式中性别化的。性别只是在那些我需要交往的人们之间才有意义。伦理问题变成了持续性地决定是否及去接受或取消他人对我的解释的问题,于是,与他人的关系就经常处于紧张的、得不到解决的形象之冲突——它们是不可避免的,但与此同时又不能剥夺我在身体中存在的真正自由。这是波伏娃在《第二性》一书中所追溯出的女性的困境。采取通过身体在女性的思维中表明她们自己的坏信念的形式,她认为女性使她们自己被称作第二性,允许她们能够且应该被作为"异于"男性而被对待。并且在这种为她们自己移交义务中,她们自己的身体承受了后果。女性们肉体的生命变成了一种消极性、一种放弃,因为她使自己成为男性想要她成为的样子,并因而放弃了她的自由。"在某种意义上,她的整个存在就是等待……因为她的正当性常常在他人的掌握之中。"[5]因此,在波伏娃的主张"一个人并不是生为女性,而是变为女性"[6]中,存在着对女性具身化之解释的挑战,以及对认为她的身体是在文化传统中被他人的注视所观看的观点的挑战,因为很明显,这些最终不能决定女性如其所是。因此,"身体并不足以界定她为女性;没有真正的起作用的事实,而只是被有意识的个人通过活动以及在社会内部所表明"[7]。性别伦理学在此出现于相互交缠的自由这一社会背景之中,并变成了我将如何维持我的自由以在其对我的过分要求中迂回前进的问题。我在身体中的自由通常是一种选择,并因此经常处于使自己屈从于他人决定的危险之中。

在这些思想家的著作中,我们发现一种探究身体的方法,这种方法指出,最终致使身体物质之意义形成的是人类自由,并且即使是通过他人的注视与文化估价而对身体的决定,也不能剥夺其对肉体物质之权力的自由。然而,在他们的著作中都清楚地出现了一个久留的与性差异相关的问题。虽然想要说"男性与女性平等地存在着",并且"'人类现实'被指定为'男子气'或'女性味'[纯属]偶然"[8],但是,性是否是"为他者的自为存在(being-for-itself-for-others)之必要结构"[9]仍然是一个问题。在这里出现了作为有性别的身体物质,并且在这一问题中存在着对立立场所持的考量。这一考量强调在个人自由出现之前被给予我们的东西,并因此强调那些形成任何特殊的存在物所生于的现实或自然。社会生物学家的著作在促进这种研究身体的方法上很有影响,因为他们试图将人类自由与理性根植于自然的物质世界——这些都是其结果。说我们是思考与感觉、言说与发展文化的动物,就变成了将我们的注意力吸引到先于我们的具体生活与历史的自然继承背景上来的一种方式。玛丽·米奇利的著作对这方面比较关注,她也认同一个许多女性主义者所广泛持有的考虑,即肯定肉体性(bodiliness)自身就是有价值的,不是某种通过最终可分离的自由而被操纵或被指导的事物,而是某种给予我们和带给我们其自身意义的事物。她提出了一种理性自然主义:世俗化的和性别化的身体形成于我们之前。

米奇利作为一位哲学家,对社会生物学的影响十分敏感,同时又批判社会生物学的教条主义主张。她认为人性的根基存在于复杂的先天活跃的和社会的趋势之中——我们通过它们被赋为动物,并且它们给予我们一个价值得以形成并变得有意义的框架。[10]米奇利被吸引到这一途径上来,因为它有可能克服心灵与肉体分离的笛卡尔式传承,并且因为它对伦理理论中有关事实与价值的附带困惑的洞见。因此,这种对身体的理解企图成为整体论的,关注所有那些相互作用的瞬间,在其中本能与目标、感觉与思考、冲动与决定、限制与想象、偶然性与可能性为了整体人类的善而走到一起、相互重叠、并互相合作地运作。米奇利指出,这些事情在我们的日常生活中并非如此异常,它们也并非特别到我们不能在人类身体与其他动物身体之间找到相似之处。确实,所有这些是在身体之中变得对我们可能的,因为它向我们提供了机会与物质、需要与欲望,它们需要将我们的精力集中到推理与决定上、集中到组织与发展上,这些是我们的肉体生命最能够做好的事情。因此,她指出我们的实践推理开始运作以决定"什么对'作为人类这样一种生物'可能是最好的",并认为"可能目标的范围与模式是随物种而被给予的"。[11] 具体的道德决定因此根本不是选择任何事物的问题,而是知晓"一旦一种物种的本质……是给定的,那么你所能希望赋予它的意义方式就受到了限制"[12] 的问题。

因此,米奇利试图"远离本质上的**殖民**图景……在这种图景中,一种被称为理性的外来统治者,给热情与本能这两个混乱的异质性部落强加秩序。"[13] 她认为,这种想象使思想增光,但却不能"建构价值",且她努力形成她的"连续性"图景的目的是为了再次将这些汇集到一起。她对"哪些物质"是已经随着被识别的身体而来,并由心灵所装备的论证,是试图恢复亚里士多德意义上的物质与形式相称的一种努力。[14] 这种思考身体的方式指导着米奇利对性别所引发问题的反思,因为她试图在人类文化中发现那些自然中的根源——社会结构与角色的形成就是为了完成它们。她提出,在人类物种所能够实现的意义上,"文化是自然的"[15],因此,说制度满足了人类的需求是对它的称赞。[16] 因此,从一种内在性格[17],性行为在个人发展阶段出现,它在婚姻制度中发现了自己的形式,并随着不同文化而变化——这些通过提供一个长期的承诺结构而满足其真实的需求。[18] 与此同时,米奇利很少论及"与性相联的道德",她认为,这"不能真正有所用处",因为"我们每个人都拥有双性情感——虽不足以完全实现它们,但足以要求地多一些,足以使一个单性的世界对任何人来说都是一个糟糕的世界"[19]。这类思考使她"建构起了价值",这样她就能继续批判那些认为性差异意味着低等的、"完全不合理的"人种的分裂;以及批判那些两性完全独立地工作的文化,因为这样"浪费了大量的人类潜能"。[20]在此,整体论作为对自然身体最有价值的东西而出现,所以,思考物质的特殊性能够在其中盛行起来的整体模式,为考察性别所引发的伦理问题提供了一个框架。

大多数发觉自己处于这一第二种立场的作者都会认为身体物质与性差异有关,并且正是性差异塑造了成为性别的东西、塑造了先于性别,甚或成为性别基础的东西。正如莫伊拉·盖滕斯(Moira Gatens)曾简洁地指出的:"考虑身体的中性。让我说得清楚些:不存在中性的身体;至少存在两种身体:男性身体与女性身体……"[21]因此,相较于认为人在根本上是一个虚无的萨特和波伏娃的存在主义,人类在此是根植于自然的有性的特殊主体,且被指出这并非什么坏事。米奇利的著作让人印象深刻的是她试图如此谨慎地,既避免生物学家过于热切的要求确定严格地决定行为与价值模式的性别基因,又极力要求人们考虑自然整体的共性——这种共性能够代表适合女性和男性的最大程度的同情与推理。[22]但是在她的方法中仍存在思考性别所引发的一些问题:对谁来说谁认为什么是自然的?以及是谁设置某种类似真实世界的事物——我们随后意识到自己被置于其中?这的确是一种人类思考,并且我们曾经思考过它。我们将这些思想追溯到我们自身以形成我们的行为与决定意味着什么?身体的自然主义所做的正是这一自我反思的工作。这种自我反思认为身体是建基于、根植于、覆盖于某种这一反思之外的更大的整体或更为基本的现实。这种思考方式正是萨特所声称的自由的工作:绘制世界地图,并为在地图中所发现的东西设计分类体系。然后正是这个我自由地决定在这些体系或地图之中放置我的身体。

在这两种思考身体的方式之间的对立反映了二元论的现代传承,并且在其错误路径上存在着的无法解决的问题已经成为女性主义与性别理论大量关注的焦点。这些对身体的解释对理解伦理学也有所暗示。一方面,如果自由地思考身体与使身体存在最终掌握在我们个人的手中,那么,我们的思考是否有任何道德可言? 萨特指出道德存在于真实性之中,因此,我在身体中成为真实的才是最重要的问题。真实性是我的选择问题,所以它是通过自由而被赋予我的身体的。我自由决定之道德"应当(ought)"指导着身体的"是(is)"。另一方面,如果身体已经对我们做出了评价,那么对它的理性解释就通常处于其揭示范围之中,并且伦理思考退回到确认什么存在的问题上。于是有这样一个问题,什么是作为一种思考形式的伦理学所独特的东西,以及伦理学思考在什么意义上被认为有所影响? 米奇利的解释提出道德存在于被给予物的实现之中,并因此真正属于人的东西通过我的身体而被赋予我的自由——我的选择在这一自由的领域中才有意义。"应该"存在于身体的"是"之中。"是"与"应该"的困境萦绕着现代思维,并且这一困境之存在于身体之中可能通过性别所引出的问题被看出。因为身体似乎已经对我们变得成问题,甚或身体已经成为我们思考之问题化(problematization)的承担者,因此,我们作为肉体人的存在便承担着这些在世界上出现的问题。在后现代性这标题下所汇集的大量问题是对这些困境的表达,就像身体揭示了一些与它们有关的问题。

后现代身体

现代主义的这些困境变成了那些特别企图强调其问题的文化理论家与哲学家所关切的事情。通常我们会说,后现代思考与其说是试图通过提供一个更有说服力的或更具统合性的(comprehensive)全面理解视野以克服现代主义的问题,不如说它是更深入地介入现代思考的困惑领域,去关注存在于现代思考中的苦恼。目标并不是提供一种解决方法,而是以另一种方式揭露这些困难。因此,在此并没有提出更好的可能解决心灵—肉体问题或为性—性别争论提供确定性答案的身体理论。确切地说,这是一种以不同的方式思考身体问题的努力,并且在这种不同的思考方式中或许能够找到另一条现代性所继承的问题的途径。因此,我们所考察的这并不是一种或一组新理论,而是一种思考问题的方式、一种身体的理论化,我们能够通过它得出性别伦理学的一些新洞见。此外,人们通常会说后现代思考破坏了占有的个人主义(possessive individualism)——这种个人主义通过其对控制身体物质的担忧而扰乱了现代思考。而且,还把身体的给予性思考为一种物质化的过程——我在这一过程中作为被体现者而存在。身体的物质化开启了另一种言说现代思考中问题的途径。

后现代思考言说身体物质化的一种方式是通过研究其在社会世界中的构成。在此让人感兴趣的是身体成为社会身体之成员的方式,在它们的各种活动中带有社会准则的印迹,并执行这一社会身体的工作。因此,福柯所说的驯服的身体、皮埃尔·布迪厄(Pierre Bourdieu)所说的继承的身体,都是身体物质之社会构成的被理论化形式。身体实体的制造、它们物质的制造,成为福柯对社会制度与话语体系的规则实践之大量考虑的中心。有些东西对身体来说确实是实体性的,但福柯却认为这并不是未成形的物质,自在的存在,它也不是一种先天的生物本性。使身体实体化的不是其原始材料。相反,身体接受其物质为一种伦理材料,这种伦理材料与它所形成的社会有关。身体作为它在其中出现的一种制度建构与对话领域而变为实体性的,这样它就变成了任何特定社会之具体需要与利益的所镶嵌的呈现体。例如,他问道:"何种模式的身体'授衔'对于如像我们这样的资本主义社会的运行是必要的和恰当的?……人们需要研究当前的社会需要何种身体。"[23]对社会体需要什么的追问引导我们将个体身体解释为社会授衔的具体场所。身体的物质化如同社会将价值放置其中,并期望从中得到回答。因此,经常存在着证实身体物质的"政治解剖"。[24]在此之中存在着对声称是政治基础的实体的形而上学的颠覆。[25]

身体通过社会权力的技术而物质化,被施行为权力/知识体系。驯服的身体是"直接包含于政治领域之中"的——在政治领域中"权力关系……授衔于它、标记它、训练它、折磨它、强迫它执行任务、行使礼仪、释出信号"。[26]与其说这是一个我已经存在的身体被接管,或成为一种外部权力之牺牲品的问题,不如说这首先是一个我被制造成一个身体的问题。这一身体通过我已经密切地牵涉的权力之实施而被建构,被建构为"一个生产性的身体和一个屈从的主体"[27]。为了社会需求而制造的我的身体变得有用,并且当它被培训以扮演其角色时就成了可辨认的。在这一过程中重要的是接收知识,因为知识体现并分配社会利益,并产生可接受的思考方式。变为生产性的模式也是身体服从于使我有用和提供服务的约束之模式。这通过向教师、医生、牧师、顾问、读者专栏回复人和咨询师的坦白而发生,我在这种坦白中看到事物、知晓事物以及这些专家们认识它们的方式。我的身体开始适应这些知识的塑造、受其要求的约束、并屈从其惯例。通过权力/知识体系中的这一结构,身体变成了一种气质——福柯认为它意谓着一种存在方式。身体变成了一种存在方式,在其社会的政治经济中所形成,并被其社会准则塑造。[28]一个社会的道德准则表达着其投入与期望、对身体的解释,并且这些进入到其成员的心里,殖民着其驯服的身体。因此,通过简明地破坏西方思想所推崇的灵魂对身体的特权,福柯说灵魂变成了身体的牢狱。[29]

在皮埃尔·布迪厄的著作《实践理论概论》(*Outline of a Theory of Practice*)一书中,他也分析了这种个人身体与社会身体的接触面。他是另一位试图超越现代主义对身体之二元思考的思想家。他的方式是通过关注包含的过程,亦即个人的身体是如何被包含于他们所存在的更广阔的社会中的,以及社会是如何被包含于个人的思考与行为中的。身体是这一相互包含的场所,一方包含另一方的这种机制就是习惯(habitus)。布迪厄的"习惯"意指"持久的、可换位的意向",即思考与行为的长期模式,我们通过这种模式能够在社会秩序中占据一席之地。[30]这些意向"是在没有成为真实策略性意图的产物的情况下被客观地组织为策略的"[31]，并且正是它们的获得，身体成为栖息场所。在此，身体不是一个被动或驯服的身体，而是实践的主体——这些实践就像学会玩游戏那样被学会，而且，通过在一个人专业性提高的过程中被不断地模仿，实践于是在身体的显露与活动中变得根深蒂固。在这一点上，实践变为无意识的，因为它们的行为已经通过主体的遵循而内在化了。学习社会实践的过程就是实现习惯的过程，并且这既是一个复杂的过程，也是一个微妙的过程，包括个人在承担角色中和在接受社会风俗中的思虑，以及不断地无意识地展现社会意义的身体表达的持久性。因此，身体通过社会关系的物质架构、通过以特殊方式被实践、通过被培训、通过接受社会关系的意义、并通过成为这些意义的体现而被栖息。

布迪厄在这一"反思社会学（reflexive sociology）"中提出了一种对常识（doxa）的分析，这些通过一种确定性秩序而产生的社会概念需要强制性地被思考为"自然的"。布迪厄以一种类似福柯描述权力/知识体系的方式，写出了"分类体系"，这一体系通过在其成员的身体中复制它而维持社会的象征秩序。他写道："思想与感知的计划"，通过为人们的习惯提供背景的"一种现实的意义"的客观化而变成了"促进社会世界再产生的政治工具"。[32]因此，性别差异通过"生物的社会化与社会的生物化这一颠倒了原因与结果之间关系的千年企划"而被认为是基本的，因为"旨在将历史的任意产品转变为自然的工作，在身体的出现中找到了明显的基础，同时，因为它对身体和大脑产生了十分真实的影响……"[33]在此所陈述的是性别观念在制造身体中的有效性，以及它申言为真的东西在身体中的发生。因此，男性与女性的区别是性差异的常识，与所有的常识一样，被"它们所建基的对任意性的误认（misrecognition），及由此而来的认识"所保障[34]；并且与所有的常识一样，栖息于既定社会的身体之中，就像它们在社会中变得重要一样。合拢这一裂缝，并在这"自然"与这"社会"的分离之间架起桥梁就成了伦理学的使命，这样二者就会在身体的习惯中形成"准完美的和谐"[35]。

这两位社会文化理论家都认为身体物质是社会地形成的,而且其形成途径是用文本记录驯服身体的知识,或栖息于身体中的常识。因此,布迪厄写到:

> ……似乎没有什么是比给予身体的价值更难以表达的、更无法交流的、更无法模仿的,并因此也更为珍贵。身体是通过由暗示的教学法(implicit pegagogy)所隐藏的劝说所实现的变体所**制造**的。它能够通过像"站直"或"不要左手持刀"一样无意义的命令而灌输一种整体宇宙论、一种伦理的、形而上学的、政治的哲学。[36]

这两位理论家都使人文主义陷入困境,因为身体既不是等待人们决定的不成形的肉体,也不是生物局限与潜能的承担者。身体既不是前社会的(presocial),也不是前文化的(precultural)。对福柯来说,社会就是书写在身体上面的,因此,当话语出现于身体的肉体上时,身体就有了生命。性别就是这样一种书写身体,所以身体因受权力/知识体系支配影响而物质化。因为我们不能在身体的社会刻画之前言说它,所以福柯认为转变的可能性仅仅存在于身体的有趣再刻画中——通过艺术创造,身体艺术或作为艺术的身体。然而,某种事物就是刻画在身体之上的,并且在此设定了某物的存在,它等待着在我们的讨论中出现。在布迪厄看来,身体是一个记忆系统。身体在布迪厄所称的"身体的常识"中学会行为与举止。身体在社会价值对它的灌输中,作为财产、性与物质的承担者而物质化。这些财产、性与物质根据社会结构和身体自身在社会结构中的立场而被称赞或被贬低。[37]这就是通过寓居身体的伦理实践而使"历史变成自然"[38]。

通过将身体理解为一种社会构成物,或理解为社会价值变体为物质形式的场所,这些理论家们拆开了身体的实在性(substantiality)。这种实在性是作为某些先于自然的物质而被社会所接受的,并承载着作为它在社会中实现之条件的信息或动力。将这些信息或动力说成是先前存在的,就已经是从社会解释与需要的立场进行的言说。德里达将这一点推向其逻辑结论。他将身体本身说成是杂乱无章的。德里达将身体的概念理解为文本。如我们已经看到的,福柯也强调身体是通过话语而被构造的,认为话语设置着身体的所有维度,并因此影响着身体本质。话语作为知识形成的途径,是与赋予我们权力的社会实践相联系的,因此,每个人都是被话语性地建构于任何制度的权力关系或实践背景之中的。性就是这样一种话语,是一种形成有关身体维度的知识之方式,并且它还是一种具有历史特殊性的话语,它扎根到其时代的实践与制度之中。因此,身体的性不能抽离于其在历史中的真实处境,因为它离开了在具体的话语实践中被定义的方式,就没有意义。虽然对驯服身体的这一考察似乎大致暗示了身体是某种事物——社会的运作就是为了实现它的目标,或者在它上面进行刻画;但是,在德里达的一种更强意义上,身体根本不是任何事物,而只是一个留有踪迹的话语互动之所。德里达如此致力于对存在的形而上学进行批判,以至于身体变得完全消解于在世界中言说它的话语中了。身体仅仅被看做文本,而且"在文本之外空无一物"[39]。

这种批判所用的方法是解构。我们通过解构拒斥这种"外在性",将有关身体的所有写作与言说都转回到它自身。德里达并不认为语言后面、下面或上面有什么事物。他由此解构了重复心灵与物质对立的形而上学的西方传统文本,并因此试图对分配意义的中心进行控制。他所做的解构并不是通过宣称一方对另一方的胜利,也不是通过寻求更高的综合,而是通过将我们完全转回到我们言说这些事物的语言上。因此,语言"并没有从天而降,其差异已经被生产,是生产的结果。但是这些结果通常并不能在一个主体或质料、一个事物中找到原因。这是一种当前的存在,因而避免延异(différance)的出现"[40]。在这一思考中存在着对二元论陈述的颠覆。通过提醒我们,我们所言说的差异产生出效果,是避免衰亡可能性的语言的一种经济的一部分,以及通过对其经济的反抗而被传送。[41]对这种衰退与上升的影响就是不带性差异地进行思考,并因此取代束缚身体的西方思想的二元逻辑。这种二元逻辑是文本中确定的已死之物,不再能够言说生命,并且它给予自由和理性这些独特的人类秉赋对自然物质世界的特权。二元逻辑会无休止地重新刻画男性与女性之间不平等的二极分化。这使得德里达强烈地要求语言的潜能,因为"当自然的存在消失时,开启意义与话语的是写作"[42]。因此,我们变得对身体在话语中的物质化负责。思考话语的身体就是以反实在论和反人文主义的方式进行思考,因为它是一种深刻地质疑伦理学的思考——这种伦理学由渴望获得真理的形而上学所建构。身体的生活需要新的言说。

对身体的后现代思考试图从思考身体的现代西方传统所继承的二元论中寻找一条路径。一方面,是一种虚无的自由——它位于一个身体中并由其肉体性所体现,它还通常是身体的另一种质料;另一方面,是肉体——人类的理性与自由从中进化出来并被建构为身体的自我反思与指导之可能性,并且它还与被认为具有优先性的自然现实有着联系。后现代性在这两种现代性立场之间以其他方式思考身体。驯服的身体通过权力/知识领域而能够占有其正常位置,并扮演其气质、生活方式以及它被建构的学科。寓居的身体通过习惯而承载着未被言说的社会秩序常识,即学习身体接受与扮演它们文化的物质现实。这种话语的身体如我们所说的那样建构起来,它在意义的稳定位置——这保证它与将来不同,与话语的开放性——这能够带给它意义并使之成为某种十分不同的东西,一种被建构为不同的身体——之间迂回前进。

这些思考身体的方式引出了新的性别伦理学问题。性别不是被理解为一种在身体中选定的存在方式,而全部归结为我的自由;也不被理解为性别化身体的社会发展,因此自然进程也贯穿于我——这些都是现代性的思维方式,而后现代思考提出了关于身体物质的一种新的可能性。有趣的是,"物质"的概念在一位道德神学家和一位文学理论家的著作中被描绘的方式并非不相同,而存在于他们著作中的一些建议将作为本章的结语。海伦·奥本海默(Helen Oppenheimer)是许多在烦扰现代道德哲学的"是"与"应该"的分裂中寻找路径的哲学家之一。在不同的表述中,这种分裂被认为促进了人类选择有价值事物上的自由,而无需与物质事实相联系。现代伦理学一方面居于对评价的权力的宣称中,评价它所建构的"他者"——即如他们所是的自然现实与肉体事物。性别问题就出现于这种差异中。奥本海默指出物质化是一个过渡性概念,它不根据任何他物而被解释,而是自身就带有其道德意义。[43]我们认识到我们在与他人的关系背景中变得重要,他们也随之变得对我们重要,我们还认识到物质化是具有实体的人类活动,并因此给予我们的生命以实体。奥本海默认为,这些物质化的形式发生于与之相关的上帝的整体背景之中,并且我们在上帝的物质化中扎根于爱。这种思考可被认为是一种积极的物质化神学。

朱迪斯·巴特勒的著作提出了一种消极的物质化神学。她在其后现代困扰中研究这一问题。这种困扰是既将物质化想成是人类活动,又将物质化理解为是发生于物质世界中的,发生于所谓的物质世界。巴特勒看到后现代思考对唯物主义提出了挑战,因为将"身体物质问题化(problematize)会使得认识论确定性的开头丧失"[44]……确实,以上的一些思考似乎暗示身体不是真实的,它们的存在并不独立于人们对它们的思考或对它们的社会规定,并因此使身体理念化,进一步远离其任何不可化约的(irreducible)物质性概念。巴特勒并非是用一种更新的现实主义作出回应,而是试图在她的性别理论中"从形而上学住所解放[物质性]"[45],并因此重新开启自希腊哲学以来的关于物质被理解成什么的争论。

这种物质解放的一个步骤是质疑那种认为物质是某种永远外在于思考的存在的观念,并进而质疑身体"被假定是先于标记的,被经常假定为或表示为优先的"[46]。这一含义表明身体是被生产的,它成为其标记所描述的样子。

这种含义产生了作为其自身的过程之**结果**的真正身体。但是它同时仍然要求什么**先于**其自身行为的事物。如果身体被指示为先于含义,是含义的一种结果,那么语言的模仿或再现状态——它宣称符号在身体之后以作为其必需的镜子,就不是完全模仿的。相反,它是生产性的、构成性的,甚至可以说是表演性的,因为这种指义行动划定了身体的界线与轮廓。身体随后要求优先于任何以及所有的含义。

通过提出语言是否能够"仅指物质性"或它是否是"物质性被言说出的确切条件"这一问题[47],巴特勒研究了存在于对身体的大量现代思考与女性主义思考中的"经验主义者的基础主义",并揭露了"它被建构的权力关系谱系"[48]。身体在与这些关系的接触中变得物质化。身体通过"一组强化的可理解性标准"在它们被限制、形成、变形的领域中物质化,就像它们被赋予意义,以及假定它们的意义问题。[49]

巴特勒的分析使性别所引发的伦理问题变得极为尖锐。因为所有这些对身体的思考在一些方面都是关于构成、关于作为性/性别的身体的构成的,并因此是关于我在身体中变得物质化的方式,以及我在物质身体中形成的方式的。我发现巴特勒所要问的是,性别伦理学并不复制它所意图克服的形而上学分裂,它不通过其自身的思考与建议重复身/心差异——这种身/心差异使性别在整个现代性中呈现为成问题的,并因此隐藏了性别理论身体中的物质化问题。这将发生于每一个女性与男性的身体被重新塑造的新的规范领域。巴特勒指出,这还将发生于每一种积极性别神学的尝试中,以一种新的更具"包容的呈现性",它企图变得越来越延展以至于包括"在一个既定的话语中引进所有的边缘立场与被排斥的立场",且因此不容许有"外在",并"将所有差异的符号兼收并蓄进来"[50]。此外,她还指出:"任务是将这一必要的'外在'重新描绘为一种未来的视野。在这种视野中,排斥的暴力永远处于被克服之中。"[51]身体物质会使这种转变一直对未来开放——这是一种后现代性别伦理学中的希望。

在西方思考的发展阶段从现代进入到后现代时,身体物质已成为一个性别理论参与时代变化的讨论领域。思考身体的范畴受到了性别问题的困扰,在女性主义中,对女性身体的建构与评价变成了一个有着深刻与持续考量的道德与政治问题,而且在性别理论中,这一问题在身体被理解成什么的理论化中展现。这种新的哲学路径既是对规范框架又是对理论框架的扰乱。其发生一定伴随着某种矛盾心理,因为性别批判形成于现在被取代的现代思维的特别困境。然而,此处所表达的希望是,这种取代可能为重新思考什么是身体的物质打开路径。这种新思考扰乱了一些原先固若金汤的物质宇宙的假定。对性别的思考通过对身体是如何物质化的询问而使基督教神学退回到其自身的核心主张——关于上帝的物质化以及将物质转变为上帝,并要求这些被重新考虑。因此,随后现代出现的根本特征就是带着耳目一新的兴趣回归到传统的观念。

注 释

〔1〕 Judith Butler, *Gender Trouble*: *Feminism and the Subversion of Identity*, London: Routledge, 1990, p. 8.

〔2〕 Jean-Paul Sartre, *Being and Nothingness*: *An Essay in Phenomenological Ontology*, trans. Hazel E. Barnes, New York: Citadel Press, 1965.

〔3〕 Sartre, *Being*, p. 285.

〔4〕 *Ibid.*, p. 327.

〔5〕 Simone de Beauvoir, *The Second Sex*, trans. H. M. Parshley, New York: Bantam Books, 1961, p. 575.

〔6〕 De Beauvoir, *Second*, p. 249.

〔7〕 *Ibid.*, p. 33.

〔8〕 Sartre, *Being*, p. 359.

〔9〕 *Ibid.*, p. 360.

〔10〕 Mary Midgley, *Beast and Man*: *The Roots of Human Nature*, London: Methuen, 1979.

[11] Midgley, *Beast*, p. 281.

[12] *Ibid.*

[13] *Ibid.*, p. 260.

[14] *Ibid.*, p. 280.

[15] *Ibid.*, p. 285.

[16] *Ibid.*, p. 303.

[17] *Ibid.*, p. 55.

[18] *Ibid.*, pp. 302-305.

[19] *Ibid.*, p. 353.

[20] *Ibid.*

[21] Moira Gatens, *Imaginary Bodies: Ethics, Power and Corporeality*, London: Routledge, 1996, p. 8.

[22] Midgley, *Beast*, p. 361.

[23] Michel Foucault, *Power/Knowledge: Selected Interviews and Other Writings 1972-1977*, ed. Colin Gordon, Brighton: Harvester, 1980, p. 58.

[24] Michel Foucault: "Docile Bodies", *The Foucault Reader*, ed. Paul Rabinow, Harmondsworth: Penguin, 1986, p. 182.

[25] 参见 Butler, *Gender*, pp. 16-17.

[26] Michel Foucault: "The Body of the Condemned", 见 Rabinow, ed., *The Foucault Reader*, p. 173.

[27] Foucault: "Body", p. 173.

[28] Michel Foucault: "Politics and Ethics: An Interview", 见 Rabinow, ed., *The Foucault Reader*, p. 377.

[29] Michel Foucault, *Discipline and Punish: The Birth of the Prison*, trans. Alan Sheridan, New York: Vintage, 1979, p. 30.

[30] Pierre Bourdieu, *Outline of a Theory of Practice*, trans. Richard Nice, Cambridge: Cambridge University Press, 1977, p. 72.

[31] Bourdieu, *Outline*, p. 73.

[32] *Ibid.*, pp. 164-165.

[33] Pierre Bourdieu: "La Domination masculine," *Actes de la Recherche en Science Sociales 84* (1990), p. 12, 转引于 Bridget Fowler: *Pierre Bourdieu and Cultural Theory: Critical Investigations*, London: Sage, 1997, p. 136.

[34] Bourdieu, *Outline*, p. 164.

[35] *Ibid.*

[36] *Ibid.*, p. 94.

[37] *Ibid.*, p. 87.

[38] *Ibid.*, p. 78.

[39] Jacques Derrida, *Of Grammatology*, trans. Gayatri Chakravorty Spivak, Baltimore, MD: Johns Hopkins University Press, 1976, p. 163.

[40] Jacques Derrida: "Différance", *Margins of Philosophy*, trans. Alan Bass, London: Harvester Wheatsheaf, 1982, p. 11.

[41] Derrida: "Différance", p. 5.

[42] Derrida, *Grammatology*, p. 159.

[43] Helen Oppenheimer: "Mattering", *Studies in Christian Ethics* 8:1 (1995), pp. 60-76.

[44] Judith Butler, *Bodies That Matter: On the Discursive Limits of "Sex"*, London: Routledge, 1993, p. 30.

[45] Butler, *Bodies*, p. 30.

[46] *Ibid.*

[47] *Ibid.*, p. 31.

[48] *Ibid.*, p. 35.

[49] *Ibid.*, p. 55.

[50] *Ibid.*, p. 53.

[51] *Ibid.*

第 5 章　语言的主体

　　语言的主体是第二个需要讨论的领域,在讨论中有可能探索到这一主体是如何在现代思维受到困扰的,并且在讨论中它可以在后现代理论中得到再次思考。语言已经在对身体物质的讨论中得到了描绘,因为身体的论述形构(discursive formation)在我们所考察的每一种后现代理论中都有凸显。在这里我们也能够开始看到语言主体是如何呈现自身的。简言之,可以说在现代主义思想中,关于谁是语言主体的争论引出了语言问题。语言的主体或者被理解为主体呈现模式,或者被理解为主体的社会形构。对前一种理解来说,语言变为了人类生命的本质可被呈现为伦理理念或伦理目的的媒介——主体在与这种语言的关系中识别自己和思考他们的活动。对后一种理解来说,语言变为了社会价值与意义的并列座标(coordinating grid)——主体在与这种语言的相互交叉中被描绘为充满意义的交互世界中的重要参与者。在第二种理解中,主体作为语言言说者或使用者的设定被描绘为最终使语言企划合法化的必要存在。后现代理论开始提出问题的正是语言的这一呈现主体,且在这里出现了思考性别的新问题。在考察了作为言说者的主体之现代观念之后,特别是当这些出现于女性主义伦理与神学著作中时,我们就可以考察后现代思考中的去中心化与主体的消亡。这样,语言就以另一种方式被思考为是将主体言说到世界之中。随着这一思考的转向,新的性别伦理问题开始得到描绘。

语言主体的设定

近几十年来的女性主义者神学与伦理学大量地讨论了语言问题,因为女性理解她们自己作为主体是现代主义中语言的问题所在。女性主义批判的一个重要维度是对西方文化传统中妇女呈现的道德的挑战、对这些作为人类主体之想象的再现的适当性与合法性的哲学的挑战,及对被认为是这些想象之基础原则之神圣体现的神学的挑战。这些挑战受到了启蒙人文主义发展的鼓动。在启蒙人文主义中,作为了解与言说的人类主体,以及作为权威的人类主体在西方思考中浮出层面。这一认识论与伦理学方法的人类中心性表明女性一直在试图与男性一道扮演她们的角色。因此,对女性的伦理关切与教牧关怀(pastoral concern)是关于对女性的误传、贬低、缄默或隐匿——所有这些都是在数世纪的伦理与神学教育中被提出的对性别化的主体不充分或不合法描绘的结果。被激发起来挑战这些再现的是另一个主体,另一个作者,前来言说,而对这一问题,女性主义思想家们呼吁女性的经验与女性的立场使她们作为不同的言说主体。在此,与其说所凸显的是个体主体,不如说所凸显的是社会主体——这一社会主体嵌入处境的特殊性之中并在关系之中得以体现,他在既定文化的语言结构中运转以促成积极的改变。这种从挑战呈现到肯定重现的发展将在本章的这一部分进行考察。

罗斯玛丽·路德的著作《性别主义与上帝对话》(*Sexism and God-Talk*)一书可被理解为女性主义对神学语言主体的批判。这本著作的核心是在书的前半部分所陈述一个信念:"如果一个象征不能真实地言说经验,那么它就会死亡或者必须被改变以便提供新的意义。"[1] 路德认为西方神学传统目前就是这种情况,这一传统包含着使人类受到限制的已死符号。她对呈现于神学话语中的主体的批判揭示了主体已经嵌入的语言的方式——这种语言不再真实地反映其经验,也不再恰当地包含它力图呈现的人性整体,因此她质疑的是这一语言主体被说成是什么。基督教神学人类学在对人类的研究中使用了"一个双重结构"去理解我们的人性,这一双重结构"从人性的存在中区分出人性的本质"。这一伦理语言将人性是"潜在的和真实的"观点与人性是"历史的"观点相分离。它神学地将这一本质的人类主体言说为上帝形象(imago dei)——它"在与上帝的联合中呈现这一真实人性",并神学地将现在的人类主体言说为亚当与夏娃的堕落的、有罪的后代。[2]大量激发路德神学写作的考量是:这一"双重结构"是男性的外表,是促进男性主体利益和降低女性主体利益的封面与面具。

为了证实这一考量,路德通过对自传统以来的文本的研究指出这种二元性是怎样的——虽然肯定了基本的"上帝形象中男性与女性的等同",但却允许这种等同的同时,"模糊"地认为女性是有罪的、堕落的人类主体的趋势。女性因而变得与"在心灵对肉体、理性对情感的等级制结构中人类本性中的低等部分"相联系,并因此与"自我的罪恶倾向部分"相联系。[3]路德对这一神学主体批判的一致性引导她揭露被分割的自我所产生的二元论的范围——这种二元论被用于证明对任何被指为"他者"的群体的虐待与贬值是正当的。[4]在这些揭露中出现了拯救问题,因为路德曾问道:什么变成了女性主义神学的非常具有决定性的问题,即男性主体是否能够拯救女性主体,"男性救世主是否能够拯救女性"[5]?在此的关切是,女性将会通过服从男性的调解而不断地屈从于错误的和使她们丧失能力的等级制思考,因为承认她们需要男性,以及为了男性的爱而牺牲她们的生命就是进一步使她们自己作为言说的主体而保持沉默。这一困境的故事在路德的近作《女性与救赎》(Women and Redemption)一书中得到了历史性的表述,她在此书中重复表达了对"一种新人性"的希望,她用了大量的笔墨来表达这种希望。[6]因为她仍坚持这一信念:性别关系被最后的拯救所改变;在基督那里不存在男性也不存在女性;因此存在着启示性的事件——神学语言主体的所有呈现都应该通过它得到判断。因此，它暗示话语的真正主体是超越二元结构的、是超越制造等级分化的伦理理念的，并且还暗示救赎"变成克服男性主导的改造了的性别关系"[7]。

路德的著作强调在女性主义思考中、在谈话与作品中女性呈现她们自己是何等意义重大，并且在这一主体的改变中存在着神学话语的范式转换。现在，救赎话语的主体不再是耶稣，而是我们自己，因为既然耶稣的故事是一个"根源性故事"，那么救赎就"不能由一个人对所有其他人实施……而只有当我们所有人为我们自己实施和为他人实施时救赎才会发生"[8]。女性在这一故事中所发现的是有分歧的拯救范式，这种范式处于被压迫的一面，"生活于平等关系习俗中"，并"指向新时代"——这一新时代现在在相互庆祝中被预见。[9]因为"没有一个人可以成为'集体的人'——其行为实现拯救，之后被消极地应用于所有其他人"[10]，所以话语的主体现在被理解为多样的、多声的、相异的、特殊的、跨宗教的与跨文化的、多元的和共背景的。这一新主体具有更大的包容性，它更广泛地关切"能够满足与覆盖全世界"的解放，并抵制所有形式的等级制支配。这种新主体克服了旧主体，并给神学语言带来新的意义。这种改变引起女性主义者询问这是否也不意味着基督教神学的终结或许并不奇怪，因为路德她自己承认这是一项"人类企划，而不是基督教所专有的企划"[11]。因此，女性主义神学家们，如达芙妮·汉普森（Daphne Hampson），寻求这些变化的逻辑并得出结论："没有任何一个上帝的概念可以被允许破坏人类在图景中的中心性（人们会期望被理解为是与其他被造物在一起的）"；并且在其包含性的作为克服男性自主的个人主义的精神性中肯定了关系主体。[12]

对神学语言主体的思考是围绕着一组随启蒙人文主义而出现的设定而形成的，这些设定在这一点上会有助于使思考更为清晰。这些设定之一是对义务的设定，因为这类女性主义思考所呈现的对主体的批判与重构之基础是这样一种信念，即人类对言说他们自己、对他们自己对语言的使用负责,并因此对这一语言所能被信任地体现的他们自己的表征负责。语言主体所做的义务设定对于那些认为需要替代性的认识论——"去了解"某物已被理解为意味着"将其写成文字"——的女性主义哲学家来说是很重要的。德·波伏娃已经提出男性要对知识负责:"将世界像世界本身那样表征是男性的工作;男性用他们自己的观点描绘世界,并将他们的观点与绝对真理相混淆。"[13]女性在挑战男性的知识建构上所必须做的事情是对她们自己的理解方式负责,并因此提出一种替代性的知识建构。用她们自己"特殊处境性的主体"的知识建构去回应可能被嘲弄性地提出的问题:"她能知道什么?"[14]这种言说是一种政治与道德义务,是对沉默者、牺牲者的受压迫立场的处心积虑拒斥——女性在这种被压迫立场中表现为"难以置信的女性"。里耶特·波斯-斯多姆(Riet Bons-Storm)探究了这一点的浪漫含义,他相信将这种"难以置信的主体"变为"可信的主体"的转换是女性呈现她们完全人性、"思考她们自己作为可信赖的认知主体"以及"作为她们自己真实故事的可信主体"的关键时刻。[15]在这个意义上,女性变得有权威、成为她们自己叙述的创作者,并因此作为她们自己的完全主体。成为语言主体就是设定了在言说中讲述人们生命与知识的义务。

在此之中存在着对权力的设定,通过这一设定,对男性主体的这一颠覆得以进行。因为在语言中,被认为存在着一条把性别关系排列在政治学与主体性中的中心原则,这条原则"被其在语言中的位置所示例,并从其在话语中的位置而占据主导"[16]。在"支配性话语"中获得这一排序原则、为了女性的利益而使这一原则出现,就是去发现语言自身改变流行语言的权力。丽蓓卡·茹柏(Rebecca Chopp)将女性主义神学的工作理解为"话语与语言的活动,和话语与语言中的活动",这一工作试图使话语有"活力",并将其作为权力以"宣布有助于解放的转变"的形式而引出。[17]这一转变所需的是一个更高的排序原则——通过它语言中的性别关系会受到挑战,而这正是神学的职能。因为,"神学是关于上帝的知识与文字,且在语言上,上帝被理解为言(Word)",这样女性现在将这个词言说为"言说自由"就是假定上帝作为言的权力存在她们自己的生命之中。[18]这不仅仅要求在一些分离的、理论性的言谈中言说自由,因为语言是"我们的主观性形成之处";并因此,为使它成为解放性语言,它就必须"创造新的意义、新的言谈、新的指义实践"[19]于主导性的社会象征秩序中[20]。因此,言说自由本身必须是改变性的,它必须赋予女性以权力,因为"言"变得体现于她们的语词中;且因此它必须得到存在于教会中的可能性条件的支持,这一教会自身被称为宣称性共同体(proclaiming community)。[21]需要一些策略以实现这一转变工作,且女性因此研究"人类主体允许成为什么与经历什么的限制与可能性",并随后通过可能出现的"新的可能性与视野"而设计抵抗。[22]这样,变为语言的主体就是设定言说自由的权力与赋予其他主体言说自由的权力。

在女性主义著作中强调义务与权力的设定对社会主体的新的实现是很重要的,而且不必诉求自由主义政治与哲学中的自主个性。塞拉·本哈比柏的细致著作明显地以三个步骤的形式开始这一研究。这三个步骤对表述她所称的"后形而上学语言"十分关键——这种语言能将我们从启蒙自身的形而上学幻象中解放出来。[23]这些幻象根植于作为自我中心存在的个体主体观念,并且为了使我们避免它们的错误,我们必须揭露它们的前提与论证,并提出新的前提与论证。[24]这些新前提的第一条是将真理建基于"探询者共同体的言谈"之上,而不是建基于个人意识的特征之上。[25]我能运用我自己的推理与感觉能力知道什么取决于和他人的交流,并且这种交流必须是有效的,而不是在我心灵隐匿处的交流。作为一个认知主体,我不能要求有特权的地位。第二个前提是"承认理性的主体是有限的、具体的和脆弱的动物",他们是境遇中的自我——这种自我根据他们所形成的社会身体的立场进行言说。因为自我是一种具有"语言、相互影响与认知能力"的社会存在,并因此能够完全言说其生命的叙述。[26]第三步是伦理的,它始于这样的前提:"道德观点"出现于社会的相互影响之中,且因此伦理规范是通过"互动理性"的形式而确立的,而不是通过个体洞见或分离的知识确立的。[27]在这些方面,本哈比柏试图提出新的"自我、理性与社会概念",以之作为得出伦理学中一种新普遍主义的途径。

本哈比柏认为这一新过程适合性别伦理学,因为它试图"'产生'道德推理的主体,其目的不是为了相对化道德要求以适应性别差异,而是为了让他们对性别敏感并且使他们知道性别差异"[28]。因此,她的意图并不是恢复先前存在的性别差异——似乎这些差异带有暗含的道德意义与结果,而是旨在提供一个这些差异能够得到公开讨论与认可的框架。这在本哈比柏所理解的"后形而上学"中起着主要作用,因为"西方哲学言谈主体的组成是以压制差异、排除他者及贬低多样性为代价的"[29]。女性主义促进了作为被排斥的关系性主体的出现,且在这一主体的提出中以主体的另一语言言说了"一种不同的声音"。本哈比柏意识到这种"不同的声音"可能会引起言说所有女性都必须具有和表现的新的女性理念的危险。这是对主体所再次隐藏的本质主义的重申。相反,在政治上和伦理上所需要的是人类主体的多样性能够被知晓并成为对话共同体的重要参与者的背景。这能够发生于公共讨论与公共对话的背景中——它们不是"纯粹的信息交换或纯粹的形象传播",而是会"导致"思考扩展、心智扩展的对话;它们接受差异并寻求它们的民主一致性。[30]因此,关系性主体促进了差异表达,因为这使人们"理解并赏识他人的观点",并且友谊与团结也会从中产生。[31]

此处的这一交互普遍主义的社会与政治视野引出了另一个语言主体——他位于、包围于、体现于并参与到社会交往之中,且这一交织的对话结构成为伦理生活的背景、其动机的来源和其行动的目标。这是一种将促使现实的人们生活不同的实用主义视野——当主体一起表达他们的观点与需要时,并通过扩展的思考与关切协调他们的途径。这是一个作为不同而受到尊重的主体民主的视野,性别差异在这一视野中变得重要,并在许多其他重要的人类主体性维度中占有一席之地。女性主义中对语言主体的批判为这种作为交互自我的新的主体概念的产生开启了途径——这一主体既克服了设定的男性理性的普遍性,又克服了其二元结构人性的分裂,并且它是在更具包围性、更具综合性的无限制的社会交流背景中被言说的。在这个意义上,本哈比柏是将黑格尔辩证法思考推向更高的理性,在这一背景中,所有的差异都能得到评价并获得表达。这里需要对共同体的新理解以代表这些主体的利益,这一新理解由女性主义神学家在救赎共同体神学中已经表达。因为被理解为社会关系的救赎,恢复整体性并缝合裂缝,这样主体就能成为完整的关系自我。这一拯救观受到了对关系的神性之肯定的支持。关系的神性这一名称现在变得有问题,因为它在其言说中带有分裂人性的假定。为言说上帝,为使上帝成为语言的主体,女性主义神学家们寻求具有最大包含性的存在,在这一存在中,获得与培育、维持与促进这一结构丰富的人性之多样性和多元性。伊丽莎白·约翰逊(Elizabeth Johnson)在《她是女性》(*She Who Is*)一书中描写了这一上帝,她认为这一建构在语言上是可能的,在神学上是合理的,并且"在存在上和宗教上……是必要的,如果关于上帝的言说要去掉偶像崇拜的桎梏并成为女性的福祉的话"[32]。这种上帝的言说为拒斥语言中所带有的"次等本体论",以及为分享她创造性的爱的力量提供了一个新的"希望之基"。[33]这一上帝在更新的救赎性尊严与整体性语言中保持人类主体。

语言主体的设定

在后现代思维中,主体的设定由于它的去中心化和死亡的概念而颇成问题。在对存在的形而上学之十分广泛的批判背景中,甚至本哈比柏称为"后形而上学"的著作也表现为见解与基本设定上的现代主义者。在某种意义上,后现代思想是幻象的碎片,并因此是对启蒙自身所开始的那类批判的一种扩展,这样它就表现为对批判的批判,它自身也因此是更进一步的克服。然而,还有另外一种意义,后现代性中所表达的思考是与现代性中所表达的思考相分离的,因此它就成为对过去的脱离,成为新事物在语言中被描绘的思考活动。当我们考察思考性别是以何种方式削弱语言的主体时,这一语言的一些分裂就在此得到了探究。这一主体困惑的四个层面可在此被呈现,这样我们就能够揭示存在于主体语言中的设定,并开启另一种言说方式。在后现代性中,特别是在言说后现代性的性别思考中,这些层面表现为模拟、戏拟、未经认可的版本和缺席——这四个层面的言说都使主体话语的设定变得困难重重。

简·鲍德里亚(Jean Baudrillard)在他的关于拟像(simulacra)的论文中,描述了发生于"西方信仰"中话语参照理论的拆解。这种信仰的构成是通过对"作为可见的与可理解的真实媒介之表征的辩证能力"[34]的自信——这种真实媒介的基本原则是我们以语词和想象所使用的符号所指的是"真实"的,它所依据的是平等交换价值原则。我们在对这些符号的使用中接受真实的意义,和将真实与我们相连接的语词或影像的意义。这些符号的使用还带给我们符号的意义,并向我们反映和重新体现什么是基本事实。因此,符号就被认为是神圣的,它们将意义注入我们的思考。这一西方信仰的"赌注"就是这一意义有一个最后的保证人——他就是上帝。这一"乌托邦式"信仰成为我们得以从什么是必然虚假的东西中区分出什么是必然真实的标准——这一标准由神圣存在所维持,人类主体因它而进入现代;它始于笛卡尔,并受到现代科学与心理分析科学的支持。对这一"表征的想象性(representational imaginary)"所发生的事情是由于模仿生产的缘故,这种模仿假装拥有它们所不拥有的东西[35],而且后现代在此可被理解为一个拟真的时代。这是一个"没有起源或现实性的真实模式产生"的时代。[36]想想迪斯尼乐园,那里"没有存在与出现、真实及其概念的镜子……",但却有"超现实"——它们"不再从反对一些理想的或消极的情况中被衡量"。[37]在超现实的出现中,模拟不再能被检测与被规定,从而颠覆与"掩没真理原则"[38]。虽然在现代思考中,人们努力描绘精确地图以呈现主体能够在语言中言说的现实,但在后现代模拟中,该地图却被理解为先于世界的——"模拟的先行"本身"造成"了世界并因此"废除"所有的参照物。[39]

这个时代主体语言的设定是什么——在这些设定中,"拟真遮盖了其自身作为拟像的整个表征之大厦"[40]？女性主义思考的特征是试图将另一个主体带入言说中,这种策略可被看成是向"现实的**分配**"提出挑战"逾越行为"——它挑战现实边界的地位与权力,并要求法律权力以重申它们在另一个位置中的真理性。然而,拟真意味着"**法律与秩序自身可能其实什么都不是而仅仅是拟真**"[41],且鲍德里亚因此指出:重建秩序的努力将被证明是"在实践上可能的"[42]。然而,现实有重申其权力的策略,且这些策略也能够在性别对话中找到,因为性别对话力图使充满意义的语言主体保持生机。"权力的武器"是"在任何地方再注入现实性与参照性,以使我们对社会现实、对经济的后果与生产的结果有信心"[43],并因此恢复道德与政治在地图上的位置,使它们成为可识别的参照点与可区别的目标。对鲍德里亚来说,这一尝试明显是失败的:在"在我们时代所特有的歇斯底里:生产与再生产之现实的歇斯底里"中,在"现在什么也不产生而只是生产其相似物的符号"的权力的操纵中[44],及最终在怀旧中——在这种怀旧中存在着"现实与参照的恐慌性生产"中"起源之神话与现实之符号的增长"[45]。"我们的社会没有人知道如何控制他们对现实的哀悼之情",我们所有人都寻求"通过人为的复兴"试图逃避[46],——这些是语言主体的假定,在其中性别伦理学变得与权力相关联,变成对真理的寻找"以反击拟真的致命打击"[47]的意识形态讨论以及关于意识形态的讨论。

朱迪斯·巴特勒的著作以另一种方式引出了主体语言的假定,即通过对身份政治问题的分析,以及对性别戏仿的称赞。她对女性主义的伦理政治命令做出了批判,即在这一伦理政治命令中存在着"女性"这一主体,其企划围绕着她并为其利益而被实施。巴特勒认为,这种需要产生并强化了"表征性对话",它通过其特别的限制而破坏它所要求的"主体假定的普遍性与一致性"。事实确实如此,首先,因为那些主体所未能包括或理解的人不断地寻求建构主体。这是一种矛盾的排他性,甚至伴随着最具包容性的表征,因为任何一个领域的确立都会受到一些有争议的、被认为是普遍性的概念所束缚。事实确实如此,其次是因为这一主体的创造依赖于"一个稳定的性别概念"[48],在这一概念中主体"女性"可被创造出来,并且伦理学也能建基于这一主体"女性"之上,因此它既产生了主体,同时又限制了主体。巴特勒发现在由表征的话语与政治所构成的领域之外别无他处,因为在其他地方不会得到更好的呈现。相反,她的著作《性别麻烦》(*Gender Trouble*)一书是对"性别范畴之批判性谱系"[49]的扩展,这种扩展存在于当前的"产生、培育与固定"[50]结构中。巴特勒同意波伏娃认为一个人是**变为**女性的这一主张,并提出"性别是身体的重复程式化,是在一组十分严格地规定的框架内的重复行为——这一框架凝结于时间之上,生产出实体的呈现,一种存在的自然类型的呈现"[51]。一种谱系学批判解构了这一性别本体论,其途径是通过查找并揭示那些"创造了性别之社会呈现与自然主义必要性的偶然行为",因为"身份"或"主体"的概念是在这些结构性实践中变得可理解的。[52]

　　巴特勒对社会学的以及哲学的"人"的概念都提出了挑战,认为这些"人"的概念都假定具有某种对社会背景的"本体论优先性"。巴特勒认为超越时间的稳定的身份概念是"通过性(Sex)、性别(gender)与性(sexuality)这三个稳定的概念而被保证的"[53]。这些"性别形成与分裂的**规制实践**"构成了"主体的身份与内在一致性"[54],并且这些规制实践通过"那些'不一致性'或'不连续性'的性别化存在的文化性表现"而变得不稳定。"那些性别化存在似乎是人,但却未能与在文化上可理解的性别化规范——人通过它被定义——相一致"[55]。这就是戏拟的地盘,因为"戏拟正是一种原初概念",且因此性别戏拟"揭示性别所跟着依样画葫芦的所谓原初身份本身是一种没有起源的模仿"。[56]这些模仿继续通过质疑原初的意义而取代性别霸权;并且在这一性别麻烦中,意义重赋和背景重构取代了稳定身份。对巴特勒而言,性别戏拟揭示了"把身份遵守为政治上微不足道的建构的幻觉式效果",这样使性别表现为"既不是真的也不是假的、既不是真实的也不是明显的、既不是起源性的也不是衍生性的"[57]。这种身份解构揭示了现代政治学的基础主义——这种基础主义"假设、固定与限制它希望体现与解放的特别'主体'"[58]。并且在这种揭示中,这种身份解构还为"政治学的新结构"开启了途径,它不再"源于属于一组已经被制造的主体所声称的利益"[59],而是通过现存"意义领域"中的剧烈增殖而重新标记性别[60]。这样,主体语言的假定就被取代了。

拟象与戏拟是对"真实"或"起源"概念的颠覆——在这些概念中每个主体都被说成是一种表征,并且这些概念对每个主体的身份都是基础性的。设定"现实"因此被揭示为是主体的呈现与管制的一种语言学必需——主体的呈现与管制是通过这些人格化与模仿并不存在之物的虚拟再生产。在露西·伊利格瑞的著作指出了这些假定的深层分裂,她的性身份的盗版以另一种方式挑战着主体话语。在主体被考虑的范围内,女性并未在她们的社会或语言建构中进行描绘。伊利格瑞论述道,人类主体的构思是源自男性的具体经验与想象,它与"男性的身形以及男性的律动"相联系[61],并在男权中心的语言中,揭示女性在象征性秩序中的缺席。这里的假定是男性通过与"他者"的差异将自己界定为主体,这样他就变成了具有普遍规范性的人,而女性则被理解为被特别放置以及被限制性地体现的非主体。通过对作为他的主体性视野的上帝的参照,男性的自我理解得以保证。在这一上帝中这种表征可以出现,并使女性"被上帝拒绝"[62],且使女性在男性的宗教中"通过受难与贞洁[实现]拯救世界的合作性使命"[63]。在这一意义体系中,女性不能表现为她自己,因为她是站在这一领域之外的,她们通过施加给她们的"他者"的设计而被有效地隐藏起来。因此,女性作为主体是不具代表性的,因为她并不是

"仅仅"与男性的性相对立的性,而是某种完全不同的性,符号秩序中的主体语言根本无法构想它。

伊利格瑞赞成女性在她们与男性语言秩序的主体和他者的强烈差异中,通过她们自己体现自己。在这一秩序的假定中存在着等级制关系,它"要求所有事物都被界定——在同一性的领域中——就像'更'(真实的、正确的、明显的、合理的、清晰的、父亲般的、男子汉的……)应该逐渐取得对它的'他者'、它的'差异'的最后胜利——它的不同——……"[64]。女性,通过书写一种并非单一的话语,肯定了一种主体并不是单一的多元性,并因此拒斥存在持有特权的秩序与性别语法中的二分法。以这种方式,女性将会从男性的表征主体之镜后出现,并破坏她自己被造成的他者镜像,并形成她自己的真正相异性——真正的性别差异伦理学最终会在其中被表达清楚。[65]伊利格瑞认为这一进入他者性的旅程将需要对欲望与超越进行重新表达,因为她假定欲望与超越是人类完全体现为他们自己的条件。因此,她写到要恢复母女关系的亲密性,女性可在这种亲密性中会被赋予欲望[66];她还写到要通过肯定女性自己的神秘经验而恢复女性的神圣性[67]。这些都与伊利格瑞的"可感的超越性(sensible transcendental)"概念相联系——这一概念不是主体在其心灵中已经形成的神性,而是"通过我们而形成"[68]的上帝,并因此促使我们成为"一种更为完善的生成(becoming)"[69]。这一未被认可的主体是伊利格瑞试图在男性味的含义经济之外表达的另一种象征。伊利格瑞放弃了寻求某种更高的调和与克服的辩证法的努力,她肯定了一种不具代表性的女性身份——其语言是建基于权威性语法之外的,因为女性在她的多样性中是处于主体之外的。

贯穿于主体话语中这些混乱的各种符号所表示的意义是缺席——这一曾经存在于主体中的意义现在不再出现。因为主体已经遗失,或者用巴特勒的话来说,我们仍然迷失了主体的路径,并且似乎不能规范我们停留于此。[70]这种意义表达于在此所思考的后现代麻烦的最后维度中,因为在德里达的去中心（decentring）概念中的是对那一西方思想事件的说明——它使我们意识到某种事物已经消失。与许多20世纪西方思想家一样，德里达认为这种迷失与一系列重要的转折点联系在一起，例如：科学沿着牛顿物理学继续前进、世界政治沿着欧洲中心主义继续前进、视觉艺术沿着表征继续发展、男性沿着自信的启蒙人文主义继续发展。这些变化都是新事件发生的标志，都是如我们对它所知的世界的去中心化，这样参照的固定点就不再给予我们所期望的对事情的确信，并且我们确立理解性文化的基础也受到了动摇。他对这一事件的分析追随尼采与海德格尔的引导。他指出所发生的事情是西方思考中世界或称为在场的形而上学的终结、死亡和某种识解。这种思考世界的方式在我们的话语中被假定，如我们相信我们在言说中呈现、制造我们所说的呈现。德里达将此称为"逻各斯中心主义（logocentrism）"，且如同鲍德里亚著名的语言的指称理论，人类是在消亡的知识（episteme）中变为主体的。德里达认为"言谈的伦理是存在所掌控的**错觉**"[71]，因此他批判言谈对书写的特权。

主体的语言因此处于其历史上的尴尬时刻。在其中所假定的仍然是主体言说语言的概念。主体首先提出一个思想，然后口头表达这一思想，这样该思想就会在语词中呈现，充分地向自己呈现，正如主体先于语词和思想。我可能在语言中表达我自己的那些概念，或者我在我的言说或写作中使自己出现的那些概念，都是这一在场的主体假定的符号。德里达在他的著作《论文字学》（*Of Grammatology*）中所研究的，是我们的语言以何种方式比我们的意图表达的更多，而无论这种存在将会如何在语词中坚持自己。的确，语言主体已经从中解构了自己。因为对于每一个被公认或保证的关于某物的断言来说，经常已经需要言说它以使其如此。因此，语言主体在所有被言说或写作的事物中掩盖了它自身的缺席、它自身的不完全存在以及毫无疑问地它自身的迷失。[72]另外，对德里达来说，正是语言将主体制造为其必要言说者，这样主体就成为了语言的结果。正是语言有效地言说着主体，在其语法中，给予主体一种作为"主体—立场"的短暂的和偶然的位置,而没有别的位置。因此,性别化的主体就位于意义体系之中,其性别不再是它所"拥有"的东西,或者将主体的独立存在特征化的东西,而是被言说的性别,作为一种引用、作为意义之链背景中的一种既定性别。这些既定与被引用以其他方式变得可引用,并且它趋向于对未来主体意义的开放性——这一方向是德里达在对延异的强调中所指向的。因为延异是"一种原初性的非源头"[73],它允许我们"思考没有存在、没有缺席、没有历史、没有原因、没有源始(archia)、没有目的(telos)的写作,这一写作完全推翻所有的辩证法、所有的神学、所有的本体论"[74]。在这一写作中出现的是不存在和未到场的主体,这一路径取代了主体语言中所假定的性别的二元对立。

语言主体的这些后现代揭示与破坏是我们时代的思考变化的标志。在此所揭示的每一种维度——作为模拟、戏拟、未认可版本和缺席,都为讨论现代主义中主体的有问题假定,以及用其他方式言说开辟了路径。在这一章,将主体联系到一起的是假定的概念——我们通过它指出主体是语言中的位置假定。作为在语言中揭示的现代主体概念仍具说服力,这是女性主义一直以来的期望。女性主义要求女性作为具有公共代表性的人类之论点维持着他们的性别伦理学。查尔斯·泰勒在他的《本真的伦理学》(The Ethics of Authenticity)一书中也热切地推荐这一概念。在完成了探寻西方传统中自我的根源这一主要工作之后,泰勒开始著述一种持久的"本真的理念"——它引导自我远离个人主义与碎片的陷阱,并趋向于在"一个更广泛整体"[75]视野中的充分实现。他将本真描述为"一种自由的理念;它包括我发现我自己设计自己的生活,以对抗外在一致性的要求"[76],并且在此假定主体是独特的创造性存在,他是一个"拥有作为人类之最初方式的"人——这种方式"仅能够通过重新表述它而被创造"[77]。但是,这所沉入的不过是"自我决定的自由",它没有一些赋予我们所做的选择以更大的意义的"意义的视野"[78],因为没有这些意义视野,本真就会颠覆它自己的目的,并在差异的存在中变得骚动。因此,泰勒鼓励"促进一种民主赋权的政治学",在这种政治学中语言主体会盛行起来。[79]

对既在语言中占据一席之地又腾出位置的主体之迷失、消失、隐藏的后现代言说,表达了被假定存在于此的主体的问题。主体被放置于其中的后现代的语言概念会被证明对具体的政治学而言是很不驯服的,或许对伦理学也不驯服。因为仅当主体逃避其自身的表征时才会在此被表征,仅当它躲避这一揭示的控制时才能发现其本真的自我。这些思想可被表述于"密柜认识论(the epistemology of the closet)"中,因为它们不能在现代认知中得到表述。[80]西季威克对现代文化中封闭位置的探究分析了这一话语中的位置假定是如何在概念上变得陷入困境的。自19世纪末以来,欧美讨论被吸引到"世界构图(world-mapping)"问题上——人类据此依照所提供的男性或女性性别身份定义而被分配给一个位置,且在这一位置中,性占据着"对我们最为珍视的个人身份、真理与知识的建构的一种越来越突出的特权关系"[81]。在这些"制度化的分类学言谈"背景中,密柜表现为一系列违反定义、拒斥位置、并忘却表现为它们所应该表现的样子。这些"已知与未知定义之间的关系,以及清楚与模糊的同性/异性恋定义之间的关系"是西季威克认为具有"特殊揭示性"的关系[82],因为它们用它们的沉默进行言说,用它们在"社会组织的关键节点"位置进行言说——这些并没有提供给我们关于主体的新信息。的确,密柜关系既是明显的又表现为棘手的,也立即使得"凌驾于对主体的所有思维之上的矛盾的相同羁绊"变得棘手[83],因此,它并不提供任何救赎的知识,而仅提供持续的晦涩。[84]

如同有关的身体,主体语言也同样发生了后现代的转变,进入了表征性主体的麻烦之中。在现代思想中,主体寻求体现于语言中和被语言所体现,且在这种揭示中出现本真的人。对女性主义者而言,语言促进女性向她自己揭示,用她自己的语词言说与写作,并在此之中挑战被理解为语言主体错误包含性。现在可以在女性自己的伦理思考中构思恰当的理念与目标。在这一再思考的过程中,女性主义者强调了社会关系网络中主体的出现。这为对民主的新思考开辟了路径,它也成为特殊多样性的主体诚实言说、相互争论以及决定有关他们的生活条件的公共讨论平台。公共语言的并列座标(coordinating grid),一种政治正确性,在此对提供个人在他们不同身份中被支持的要素来说是必要的。这种个人的与政治的思考在后现代性中由于这问题——言说什么?——的出现而受到了破坏。因为语言的交换价值在仿真中被复制,因为语言范畴在其应用与其意义的未认可版本(描述)中呈现为不稳定的意义,言说就破坏了其自身的媒介。于是,进入语词的就不是语言主体的到场,语言主体仅被呈现为晦涩的而不再明确地被造为清晰的。相反,是语言言说着在语词中被迷失的主体,他的到场不再在语言中被提出来和被保存,但他却经常超越其被建构的意义。在《圣经》的宗教传统中存在着大量的神学伦理学。因为在后现代中思考性别使神学家们重新转向这一问题:在《圣经》中被揭示为神圣的是什么?将神圣说成是语言主体或不是语言主体的又是什么?

注 释

[1] Rosemary Radford Ruether, *Sexism and God-Talk*: *Towards a Feminist Theology*, London: SCM Press, 1983, pp. 12-13.
[2] Ruether, *Sexism*, p. 93.
[3] *Ibid.*
[4] Rosemary Radford Ruether:"Dualism and the Nature of Evil in Feminist Theology",载 *Studies in Christian Ethics*, 5:1(1992).
[5] Ruether, *Sexism*, p. 116.
[6] Rosemary Radford Ruether, *Women and Redemption*: *A Theological History*, London: SCM Press, 1998;参见导论,第 1—11 页。
[7] Ruether, *Redemption*, p. 273.
[8] *Ibid.*, p. 275.

[9] Ruether, *Redemption*, pp. 276-277.
[10] *Ibid.*, p. 275.
[11] Ruether, *Redemption*, p. 281.
[12] Daphne Hampson, *After Christianity*, London: SCM Press, 1996, p. 11.
[13] Simone de Beauvoir, *The Second Sex*, trans. H. M. Parshley, New York: Bantam Books, 1961, p. 161.
[14] Lorraine Code: *What Can She Know? Feminist Theory and the Construction of Knowledge*, Ithaca, NY: Cornell University Press, 1991, p. 170. 还可参见 Lorraine Code: "Taking Subjectivity into Account", 见 *Rhetorical Spaces: Essays on Gendered Locations*, London: Routledge, 1995, pp. 23-57.
[15] Riet Bons-Storm, *The Incredible Woman: Listening to Woman's Silence in Pastoral Care and Counseling*, Nashville TN: Abingdon Press, 1996, p. 79.
[16] Rebecca Choop, *The Power to Speak: Feminism, Language and God*, New York: Crossroad, 1989, p. 1. citing Héléne Cixous: "Stories," in Elaine Marks and Isabelle de Courtivron, eds.: *New French Feminisms: An Anthology*, Brighton: Harvester, 1986.
[17] Chopp, *Power*, p. 3.
[18] *Ibid.*, p. 3; 比较第 10—15 页。
[19] *Ibid.*, p. 12.
[20] *Ibid.*, p. 14.
[21] *Ibid.*, p. 124. 还可参见 Rebecca Chopp, *Saving Work: Feminist Practices of Theological Education*, Louisville, KY: Westminster John Knox Press, 1995.
[22] *Ibid.*, pp. 126-127.
[23] Seyla Benhabib, *Situating the Self: Gender, Community and Postmodernism in Contemporary Ethics*, Cambridge: Polity Press, 1992, p. 4.
[24] Benhabib, *Situating*, p. 7.
[25] *Ibid.*, p. 5.
[26] *Ibid.*
[27] *Ibid.*, p. 6.

〔28〕 Benhabib, *Situating*, p. 8.
〔29〕 *Ibid.*, p. 197.
〔30〕 *Ibid.*, p. 121.
〔31〕 *Ibid.*, p. 140.
〔32〕 Elizabeth Johnson, *She Who Is: The Mystery of God in Feminist Theological Discourse*, New York: Crossroad, 1997, p. 243.
〔33〕 Johnson, *She*, p. 245.
〔34〕 Jean Baudrillard: "Simulacra and Simulations," trans. Paul Foss, Paul Patton, and Philop Beitchman, 见 *Selected Writings*, ed. Mark Poster, Cambridge: Polity Press, 1988, p. 170.
〔35〕 Baudrillard: "Simulacra", p. 167.
〔36〕 *Ibid.*, p. 166.
〔37〕 *Ibid.*, p. 167.
〔38〕 *Ibid.*, p. 169.
〔39〕 *Ibid.*, p. 166-7. 作为这一超现实产品的例子,我们可以引用洛林·寇德(Lorraine Code)的观点:"那么,我所提出的企划,要求认识领域的新地理学:它不再主要是自然地理学,而是人口地理学——它提出主观立场与身份及产生它们的社会政治结构的定性分析。"这里是否存在认识论的迪斯尼化? "Taking Subjectivity",第52页。
〔40〕 *Ibid.*, p. 170.
〔41〕 *Ibid.*, p. 177(首次强调)。
〔42〕 *Ibid.*, p. 179.
〔43〕 *Ibid.*
〔44〕 *Ibid.*, p. 180.
〔45〕 *Ibid.*, p. 171.
〔46〕 *Ibid.*, p. 181.
〔47〕 *Ibid.*, p. 182.
〔48〕 Judith Butler, *Gender Trouble: Feminism and the Subversion of Identity*, London: Routledge, 1990, p. 5.

[49] Butler, *Gender*, p. vi.
[50] *Ibid.*, p. 5.
[51] *Ibid.*, p. 33.
[52] *Ibid.*
[53] *Ibid.*, pp. 16-17.
[54] *Ibid.*, p. 16(首次强调).
[55] *Ibid.*, p. 17.
[56] *Ibid.*, p. 138(首次强调).
[57] *Ibid.*, p. 141.
[58] *Ibid.*, p. 148.
[59] *Ibid.*, p. 149.
[60] *Ibid.*, p. 148.
[61] Margaret Whitford, *Luce Irigaray: Philosophy in the Feminine*, London: Routledge, 1991, p. 150.
[62] Luce Irigaray, *Sexes and Genealogies*, trans. Gillian C. Gill, New York: Columbia University Press, 1987, p. 64.
[63] Irigaray, *Sexes*, p. 66. 还可参见 Whitford: *Irigaray*, pp. 145-146.
[64] Luce Irigaray, *Speculum of the Other Woman*, trans. Gillian C. Gill, Ithaca, NY: Cornell University Press, 1974, p. 275.
[65] 参见 Luce Irigaray, *An Ethics of Sexual Difference*, trans. Carolyn Burke and Gillian C. Gill, London: The Athlone Press, 1984.
[66] Irigaray, *Ethics*, pp. 69、150.
[67] Irigaray: "La Mystérique", 见 *Speculum*, pp. 191-202.
[68] Irigaray, *Ethics*, p. 129.
[69] Irigaray, *Sexes*, pp. 68-69.
[70] Judith Butler, *Bodies that Matter: On the Discursive Limits of "Sex"*, London: Routledge, 1993, p. iv.
[71] Jacques Derrida, *Of Grammatology*, trans. Gayatri Chakravorty Spivak, Baltimore, MD: Johns Hopkins University Press, 1976, p. 139(首次强调).

[72] Jacques Derrida: "…That Dangerous Supplement…", 见 *Grammatology*, pp. 141-164.
[73] Jacques Derrida, *Writing and Difference*, trans. Alan Bass, London: Routledge, 1995, p. 203.
[74] Jacques Derrida, *Margins of Philosophy*, trans. Alan Bass, London: Harvester Wheatsheaf, 1982, p. 67.
[75] Charles Taylor, *The Ethics of Authenticity*, Cambridge, MA: Harvard University Press, 1991, p. 91.
[76] Taylor, *Ethics*, pp. 67-68.
[77] *Ibid.*, p. 61.
[78] *Ibid.*, p. 68.
[79] *Ibid.*, p. 118.
[80] Eve Kosofsky Sedgwick, *Epistemology of the Closet*, Berkeley: University of California Press, 1990.
[81] Sedgwick, *Epistemology*, pp. 2-3.
[82] *Ibid.*, p. 3.
[83] *Ibid.*, p. 90.
[84] *Ibid.*, pp. 7-8.

第6章　行为主体的权力

⏩

在最后几章的一些其他主题中,行为主体(agent)权力问题也以特殊方式在现代思考中被理解——这种理解方式对我们关于作为女性和男性应该怎样行动的观念作出了区分,并且与其他主题一样,它也是通过大量出现于后现代思考中的问题而转向的。自从霍布斯将男性说成是改变的制造者,贯穿于行为主体之现代解释的一种含义是人类权力的独特地位——被置于天地之间,在其生活中具有联结物质与精神、肉体与心灵、理性与情感能力之潜能。行为主体在此特别重要并且特别成问题,因为它被理解为这些能力混合、联系与相互影响的熔炉——为的是形成与将来不同的结果。行为主体因而成为了改变的支点,通过它引出一些新事物,并且人性最完全的潜能可在行为主体的实现中得到开发。同样据此原因,行为主体的权力在现代人文主义政治学与伦理学中有着相当的重要性,它试图形成这一实现的最佳条件。因此,对霍布斯而言,"知识的目的是权力……并且所有沉思概不出于实施的某些行为或那些要做的事情。"[1]我们共同生活需要何种环境,以及为使人类行为实现其意蕴必须在个人生活中获得何种慎思——这两个问题是政治与伦理思考的特别起源,它们将人性带入其生命的充实之中。从神学上理解,人类正是在行为主体的实现中证明他们作为在神的形象(image of the divine)中的被造物具有特别的潜能,并完成那一他们的生命所意图实现的目标——既揭示上帝已经开始并将使其完成的事情,又参与这些事情。因此,行为主体肩负着阐明和促进一些启蒙所感兴趣的作为人类存在原因(raison d'être)

的人类的独特之处。

在女性主义者的批判中,这种行为主体观念所表现出的是女性和男性的分裂,这种分裂会导致将女性的"活动"贬低为男性的消极对立面,或不断地将其放错位置。这里也便显露出了现代主义的过度男性气(hypermasculinity)。在后现代性中,当我们言说行为者——不是作为行为的发起者和维持者,而是作为由一个体系所产生的神秘起源——的产物时,这一行为主体的讽刺就被揭露出来了。我们在此考察行为主体作为人类必要标志而出现的条件,行为主体变得特别与权力相联系,以及与通过行为所实现的潜能相联系的条件。作为产品而非生产者,作为被作用的而非行动的,后现代将我们的注意力重新转移到我们的人性上,并重新研究行动是什么这一问题。我们现在处于一个"思考死亡"的时代,这成为对作为权力的行为主体之思考的终结。[2]在这一问题中所暗示的是作为一个主体应该是怎样的,因为后现代思考暗示行为主体权力是源于征服——我们在征服中为了赋权与接受技术以构成自我而相互勾结。在这一问题中还暗示出什么是与身体有关的,因为在后现代中,不服从与被取代的身体变为权力颠覆与行为主体重构的中心。在这一反人文主义中思考性别伦理学会开启另一种途径来解决未解困境和棘手争论。

人类行为主体

对行为主体的现代理解受到了性别差异之困境的困扰。那些强调女性和男性能够以共同方式行动的人继承了二元论,这种二元论将女性的能力定位于物质、身体与情感,而将男性的能力定位于精神、心智与理性。提供这一二元结构作为独特人类能力实践的背景,已经剥夺了女性充分实现自己的权力,同时它却给予男性的定位以特权。女性是否要变成男性才能行动?[3]另一方面,那些强调女性与男性是以不同方式行动的人,发现更难言说我们可能共同持有的行为主体权力。我们因作为两种不同的行为主体者而被区分,每一种行为主体者都具有一种专属于各自本性的不同行为方式,每一行为主体都有一个在其中那些行为变得有效与可察觉的影响领域。因此,人们会说,男性是根据某些类似于产生影响、造成变化、完成项目、使事情发生之类的行为进行理解的,这些行为使男性变成行为的有效实施者,使男性受到完成它们的热情所驱使,因为完成它们成为衡量男性价值的标准。相比之下,人们会说,女性是根据一些需要耐心的行为而进行理解的,例如,培育已被给予的、关怀被接受的事情、使事情发生。于是,她们所做的事情就更像是准备、提供、引出、合作以及愿意协助事情的发展以使其完成。这里存在着权力的差异:男性的权力被理解为能够制造改变,而女性的权力则被理解为能够接受改变。无论这种行为主体的差异是否作为男性与女性之间的互补而被肯定、无论这种差异是否被理解为会在某种其他媒介中再次联合、无论它是否将被完全超越,这些都是差异所留下的困境。

近来有两位思想家讨论了这一现代主义的分离(diremption),一位是哲学家,另一位是神学家,他们两人对行为主体权力所表示的人类工作有不同的理解。他们提出了可能超越性别分离的行为主体模式,提供了女性和男性可被理解为人道地行动的一个共同基础,并且在这一共同基础中可能再次表示出所附带的社会分离。对约翰·麦克默里来说,定义"作为行为主体的自我(The Self as Agent)"之可能性就是一种强调"个人的危机"的方式。他理解到现代思想驶进了"个人的危机"中,并且他努力将我们驶离这一危机的努力再次肯定了人文主义——这种人文主义与当代实用主义及政治哲学产生了大量共鸣。[4]对萨丽·麦克法格(Sallie McFague)来说,回到行为主体的有机模式提供了既避免技术的傲慢破坏性上升,又避免其分裂的性别意蕴的一条途径,这种方式与生态政治学和绿色神学产生了大量共鸣。他们两人都认为,中间断裂的(broken middle)问题提供了他们的行为者被放置的戏剧性语境,并且他们的行为所指向的是对这一问题的解答。

约翰·麦克默里在吉福德讲座(Gifford Lectures)中所提出的是对个体形式的考虑,他认为这种考虑的核心是行为主体观念。麦克默里抗议现代人将自我描述为一个独立反思与判断、只对自我和上帝负责的私人思想者所产生的个人影响和政治影响,他提出了一个行为首要性的哲学案例,这个案例因而也是人们在和谐关系中一起行动之首要性的案例。现代思想的特征是一种根基性的自我中心性,这种自我中心性贬低我们在世界中的具体生活以及我们与他人的关系,其见解与对理性的西方男性有着大量批判的女性主义产生了共鸣。麦克默里指出,所需要的是我们以此前提开始我们的哲学反思:"我做"而不是"我思考"。因为前者假定了围绕着关系的个人存在的一致性,假定了自我与世界及自我与其他自我之间的一致性。这种关系是以接触的意义为媒介而不是以注视的意义为媒介。[5]接触是我们体验的一个主要特征,因为接触既向我们显露出作为真实物质环境的世界,又向我们显露出其他人——我们在与这些人的身体接触中体验到他们的中介性,并且在这种触觉意识中的成长形成了我们人类发展的主线。[6]因此,从我们出生之刻起,我们就发现物质世界对我们的运动有阻碍,并且我们遇到他人阻碍我们行动的意图——因为我们相互之间的不同目标是纠缠在一起的。这些体验带给他们的是关于什么是有效的实践知识,这样我们就学会如何通过由复杂的相互作用网络而构成的环境协调我们不同的目标。于是,我们就正在变成行动的人,自我成为行为主体的自我而行动的人。

麦克默里对行为主体解释的核心是他对行为和行动对象的理解。行为与我们周围世界中的效能(efficacy)有关,因此行动就是对外在事物施加一些因果作用,且我们意图的形成和我们热情的调动都是为了制造这一效果。行为主体的力量就在于它能招致改变。行为必然包括我们自己与其他行动者,因为"行为的可能性取决于同样是行为主体的他者存在"。[7],我们也因此认识到什么能够建立我们每个人都会在其中健康成长的良好人际关系。我们的知识进步也是为了行动,因为我们弄清事情并不是出于纯粹理论上的原因,而是为了使我们的行动更有效地融入到公共世界之中,且使我们的视野能够扩展到对社会的合作性建设中,并最终建构一个人类共同体可在其中和谐地生活的正义与和平的国际秩序。这样,麦克默里就可以说:"所有有意义的知识之目的都是行动,而所有有意义的行为之目的都是友谊。"[8]在此,行为主体被描述的方式避免了完全机械地将行为解释成对刺激的反应,还避免了将行为理解成展现于生物领域之外的连续统一体这种有机论(organicism)。这是麦克默里所寻求的中间立场,一方面是确定的身体与自由的心灵的分离,另一方面是作为纯粹行为的行为观念——即自然的有机世界通过人类实现自身的功能。正是行为主体中所表达的个人形式占据了这一在自然中具有独特性的不确定位置,但却要求这个世界成为绝大部分的人类生活环境。

在麦克默里的著作中有一些暗示:他将个人形式理解为既包括女性又包括男性,并因此提出了一个女性和男性都能在其中发现自己的行为主体描述方式。然而,他的著作显示出了影响这些中介立场的问题。他的著作试图将未解决的传统冲突提升到一个更高的层面去理解,因为麦克默里于其基本术语可能需要受到质疑的对立框架之外重新设定了自我。因此人们一定会问:在接触中所遇到的为什么是对世界和对其他人的"阻碍(resistance)",而不是生产、渗透、到来(coming toward)或接受?以及阻碍的观念业已如何引起身体物质反对人类行动的所作所为?这样就必然使权力的实施在物质之上。并且女性一定会问:为什么行为主体开始于与外在世界的关系和与我们自己之外的他人的关系?这样,怀孕与抚养孩子就不能是主体行为,这一生育行为仅仅作为生物功能而再次降到被贬低的有机体领域。[9]是否只有当女性放弃肉体的事情时,她们才能成为行为主体?因此,我们也一定会问:这一行为主体观念是否仍未将伦理设定为人们意图之快乐实现的技术与工具?这样,人们的伦理关切就与如何实现人们所选择的受到来自他人的最小干涉和对他人的最小打扰有关。并且,女性一定还会再问:为什么相互影响的共同体是实现这一行为主体的必要环境?这种共同体再次模仿家庭,且最特别地是模仿母婴关系。人们最早就是在母婴关系中遇到他者的阻碍。[10]提供这种爱的支持性环境是否也成为女性至少象征性地——被分配的任务?这个问题萦绕着在麦克默里的思考中早已预示的对关怀伦理学的热情。思考性别难道不要求我们更深刻地质疑人类的地位在我们的现代传承中所确立的条件?

对重估人类地位的关切在萨丽·麦克法格最近的神学著作《上帝的模式》(Models of God)一书中得到了表达,此书提出了一种更适合"生态、原子时代"[11]的新的行为建构。在此的伦理关切是,我们的思维方式对我们的行为方式的影响,因为"命名(naming)"可以是治疗性的和有帮助的,或者它能像基督教神学中大量"时代错误的命名"一样,是有害的。[12]正是由于企图取代我们思维中的现代人类中心主义——麦克法格认为这种现代人类中心主义是男性中心主义,以及企图将人类与自然重新结合,麦克法格赞成使用有机模式去缝合会导致宇宙之技术灾难、会为了人类目的而滥用自然资源、会为了战争与死亡而占有能源、并会将地球作为仅仅供人类行为主体开发利用的消极事物而肆意侵犯的裂缝。男性和他的上帝作为统治世界之君主的地位需要被废黜。他们统治的特征是强权者(powerful)凌驾于无力者(powerless)之上的"不对称二元论",他们缺乏对"人类王国之外"任何事物的关切,而且在耀眼的与世隔绝之处进行远程支配。[13]将上帝理解为君主会导致"与世界关系中错误类型的神圣行为",因为在此,"上帝的行为是在世界之上的,而不是在世界之中的,且它是一种存在于人类的成长与义务之中的行为"[14]。为使这一人类义务出现,就必须进行"去中心化",人类通过这种"去中心化"变成"去中心化为唯一的君主主体,并再度中心化为那些既对知晓共同创造的故事负责,又对帮助它们兴盛负责的人"。[15]

首先,义务意味着一种解释的行动,麦克法格认为这种解释行动意指建构神学模式、隐喻或想象的行动,因为"神学**通常**是编造的"[16]。她提供给我们的模式是将世界作为上帝的身体,以及作为母亲、爱人和朋友的上帝之三位一体本质。这些提供了上帝行为的模式,在这些模式中我们人性中被低估与所担心的层面(这些层面典型地与女性相联系)会取得恰当尊重与承认。在热切的性欲望中言说上帝给予生命和拥抱世界的身体行为,就是将上帝的工作建基于"生命及其持续的生物过程之上",但是言说构造友谊的上帝则是承认我们自由地"选择在一起"的重要性。[17]强化这些"虚构"的是实践检验,因为义务在这两种情况下意味着我们的解释要服从于恰当的价值重估这一工作。因此,麦克法格指出:"一些虚构比另一些要好,既能更好地适合人类居住,又能在特殊的时代更好地表达基督教信仰的福音。"[18]恰当的行为模式那些是会导致更尊重我们在事物结构中的合适位置、在范围上更具整体性,且更关怀所有被造物存在的微妙的相互依赖性之后果的行为模式。通过伦理学这一"新的观看镜头",[19]我们将会拥有"人性的新形式,存在于世界中的新方式"[20],在这些新形式中以及通过这些新形式"世界中生命的来源和力量"能够"为了所有被造物的福利"而运行[21]。因此,行为的意义就依据其实际效果而被判断,且这些实际效果自身也需要加以解释。

  麦克法格在这里提出了一种行为伦理学,在这一行为伦理学中那些被贬低的、在传统上与女性、身体、性以及物质世界相联系的活动会取代破坏性活动——那些被贬低的活动就是通过这些破坏性活动而被支配与征服的。热情在我们的行为中再次得到接受,其亲密感的温暖将战胜疏远的技术算计的冷漠。这种战胜既需要一种策略也需要一种能在其中评价决定与后果的意识形态建构,并且书写上帝身体的神学就是为了提供它们。行动现在意味着赋予我的行为以正确的意义,将行为置于其结果将得到评价的体制之中,并用这种正确的思考严格要求它们。执行这一要求的是身体,因为这种行为伦理学试图通过身体去控制心灵,这样身体就会更纯粹、更及时地表达其行动的意志与意图,以及其对正义、和平与关怀的热情。然而,在此却有一个奇怪的悖论,因为这个被解释的身体在其成长过程中却抹掉了它的解释性工作。我们被给予的是身体的外表,只有当我们认为这一身体存在时它才存在,我们有意将这一身体放置在恰当的位置,这样它就能为着人世间的利益而开展其伦理工作,但是这一修辞(rhetoric)却取决于我们假定它是真实的。另外,我是谁,我在哪里,我是什么,谁在进行这一思考?我仍必须是一个流亡的思维者,能够遨游于宇宙去寻找制造麻烦之途,但是我却选择了注视事物的一种方式,一种神学建构——我服从这种神学建构的规则,即使当我知道那只是一种构造。因此,为使我待在"地球上的家园里"就变成了对自然的精心模仿,是为了更高的目标,即给出解释。这就是人性引出处于它实现之对立面的精神所在,通过一种再定义和再解释,在其中所有事物都在虽然是想像性的但却是最广泛的背景中被重置,即使像黑格尔以及稍后的尼采都曾经对此做过预言。此处出现了更高的克服。

我们已经能够察觉,在这两种对行为的理解中发生了向后现代背景的转换。麦克默里的行为本体论假定了存在的直接性,这样去行动就是在一个确实会阻碍人类接触的世界中,使不同的人类存在方式出现。他的本体论形式是批判现实主义——即假定真实的世界在某些方面是对我们作用力的抵制,并且那些起作用或不起作用的东西我们都能从与其他行为主体的经验中学到。在这种期望其意义是明显的并且是毫无争议的实用主义中有着明显的直接性与简单性。在这种实用主义中,对外部世界和行动力量的理解,在其对人类的呈现中仍然带有性别的分裂,而这就是这里所产生的争论。女性和男性不能在此找到对行为的共同理解,因为和许多采取中间路径的尝试一样,这一条路径也同样将男性的特权引入思考中。因而裂缝被反复重述。麦克法格将行为建构为自然的诠释学已经表达了人类最具文化性的东西。她的方法将被认为在自然世界中真实的东西包含了提供改变之"敏感性"的解释性工作中[22],这是对我们理解的新解释[23],并且在这里,出现了一种从被标记为男子汉的行为到被标记为女性味的行为的文化改变。这里存在着从男性权力到女性权力的转变——无论"自然"的东西是什么都被证明合理性。然而,这种文化的女性化是否是对裂缝的缝合?据麦克法格,既然我们是通过我们的自然模式了解并爱上它,那么这一已媒介化的知识就允许我们把它变成按照自己的意愿的东西,并且她的著作所指向的是意愿的恰当形式。想要将权力注入行动的考虑是后现代焦虑的一个特征,这种焦虑知道"真实"已不复存在,且因此意愿是唯一所剩的东西。在这种神学中,这一通过诠释学的赋权,行为主体的权力全都取决于你如何看待它。

行动的人

许多关于行为的后现代著作的一个特征是,取代现代对人类在中心舞台上之独特性的强调。它既考虑行为主体所产生的权力体系,又考虑作为表演的在这些结构被赋权的行为主体自身。我们已经在与身体的关系中注意到这种颠覆。这种颠覆的产生与其说是通过自由的可分离的决定,或者通过实现其潜在形式的自然生命而产生的,不如说是通过身体在指义行动(signifing acts)中的表演(performance)而产生的。在这些行动中,我们并不总是知道我们在做什么,因为行为的意义超出了我们的理解,而只有在反思所做的事之后才能懂得它的意义。然而,这种伦理学拒绝封闭,使其自身能被带入未来,并沉浸于与之融为一体的表演(performance),通过它意义将会产生。同样,我们也在与主体的关系中注意到了一种颠覆,主体对言说权力的争取要求它们在遮蔽那些关于它们所不能言说之事的论述行动(discursive acts)中有所体现。主体的语言揭示这将作为性别形象中的特权而在言说中被知晓,而且这样我们就变成了被写作者和在征服中的被言说者。在这里也存在着一种语言行动的伦理学,这种伦理学关注被隐藏者、倾听言说中那些沉默的东西、并将我们作为语词中的被隐没者和被抛弃者带入言说之中。就目前的讨论来说,在后现代的转向中出现了这些性别伦理学诞生的迹象。

在与行为主体的关系中也同样存在着一种颠覆,而这也进一步暗示着一种伦理学的出现。后现代思想在某种程度上被建构为批判性的文化理论,即对出现于现代思考中的文化理论的批判,并且我们对行为主体的理解也在这种批判中形成。黑格尔对文化的现代解释产生了重要的影响。他指出,当人类行为主体克服表现于物质生活中我们的第一本性,并发展为在我们文化生活中的第二本性时,它就会盛行起来。在对文化的表达中,男性的精神是在征服自然中克服自然世界的设定,如同男性在行为中企图实现展现于人类历史中的更高的超越精神,或灵魂(Geist)。文化因此被理解为男性所造历史的产物——理想的人类使命在这种历史中得以实现。与这一解释相对立的逻辑受到了女性主义者的挑战,他们注意到在这种逻辑中存在的主张是女性是自然的,而男性则是文化的。[24]通过提出介入人的需要与物质世界之间会导致被称为生产的历史性改变,马克思试图将黑格尔对行为的理解转变为辩证唯物主义。在此没有实现激发行为的超越的世界精神,但是却有肉体身体生命的物质化,因为它需要食物与住处。这些挑战着男性改变世界的创造性通过生产性活动来满足人类自然需要。女性主义作家在对批判性文化历史的研究中,再次想弄明白生育活动在这一历史生产线中的意义。[25]同样,在弗洛伊德那里也出现了一种作为支配存在于无意识中的原始能量的文化理论,这种原始能量通过被约束的行为而被挤压出来,并成为有效的人类相互影响所需要的形式。在弗洛伊德的时代之前,在黑格尔理性论中所发现的到达精神高度的喜悦成为一种被驱使但却从未被满足的行动的神经质,并因此在它所做的一切事情中都带着悲伤的痕迹。然而,在此再次发现一种对立的逻辑,即男性是为文化与道德而造的,但它们却是女性无法获得的成就。

在这些行为主体的文化理论中,性别二元论得到了刻画,并且在文化批判中,二元论也会开始废除。批判文化理论发生于这一语境中。在这一理论上鲍德里亚仍是位重要人物,我们已经在与语言哲学的关系中探讨了他对人类自我理解之讽刺的关注。他的两篇论文——《消费者社会》(Consumer Society)与《符号政治经济学批判》(For a Critique of the Political Economy of the Sign)——对出现于经济体制之理论与伦理分析中的人类形象进行了剖析。马克思将人类这一经济人(homo economicus)形象的生产性行为理解为是将人性与物质极大丰富的未来相联系。鲍德里亚将这样一个男性的形象理解为仅仅是"寓言中的虚构结果：一个'被给予'需要的男性，这种需要'指引'他趋向'给予'他满足的物体"[26]。这一虚构的存在存在于对经济行为的解释中，又在行为伦理学中变成了功利主义——鲍德里亚通过他的批判对此进行了揭示。因为他认为人文主义的固定观念(idée fixe)是主张人类的天职是不同的，如马克思所认为的："当他们开始制造他们的生存手段时他们就将自己与动物区分开了"，或在与一些超越的最终现实性的关系中使精神的自我实现其潜能。

鲍德里亚不是通过采取一种完全高高在上的立场，而是通过转向当代生活现象，以及思考在高级资本主义文化中是什么造就了人类这一问题而进行这种思考的。他发现在此被经历的是对消费的驱动，这是一种发狂的活动，是技术对思考的胜利。消费物品变成独立于物品制造的体系之需要。这一体系受到了广告的推动——广告激发它所供给的欲望或需要，广告还要求我们进行不断地选择和过剩需要的选择，其结果是产生了新的欲望与新的选择。鲍德里亚说，选择是一种奇怪的命令。[27]选择依次与无法停歇的繁忙相联系，与不断地设置短期目标去实现的活动相联系，这样所做的事情就会产生这一机制所需要的能量。被称为这些个人行为与集体行为的功效掩盖了没有目的的体系自身的完全无目标性。如鲍德里亚在他的论文中提到的，在此充斥的是对无限性、无终极的生产力、将自己推进到无限制未来的保证，并且这种保证不会终止。在其实施中，技术压倒了思想。将思考集中于无目的为实现事情而进行的策略设计，引出了一种控制的幻觉，这种幻觉再次掩盖了无权力者，并耗尽那些在其逻辑中起作用的能量。这样思想就变成了"对死亡的沉思"[28]。

鲍德里亚的批判所暗示的是人类的生产在某种方式上是活跃的,而且先前存在的人类之神话也产生于这种生产之中——先前存在的人的假定的不受约束的欲望与自由选择,他们趋向有目的的行动的独立的理性思考,以及他们不可预知的创造性,使这一体系成其所是。因此,他指出:"一种被保持良好的满足与个人选择之神秘性……通过它,一种'自由的'文明达到其顶点"[29],且对这种神秘性来说,这种个体"变为必需的和在实践上不可替代的"[30]。对这种神秘的揭露,对已经是存在于这一过程中的"尸体"的解剖,将我们的注意力引到超越我们的事物之上,即通过我们的行为与思考而实现自己的事物。因为鲍德里亚所考虑的是,在我们对人类决策权力、选择权力、行动权力的持续指向中,我们供给着生产我们的系统。这样,我们与超越的关联就是文化对我们的意识开的一个玩笑,这个玩笑在我们每次尝试做出真正自由的或独立的决定时就会重复出现,且只有在对它的嘲弄性注视中才能做出另一个开始。

如同在生产经济中,在主体的精神生活中,控制行为主体的观念也在性—性别体系中维持着欲望经济。拉康(Lacan)的著作对在我们所使用的语言中揭示自身的象征的世界做出了分析。自我的观念是在这种语言中并运用这些语词而被建构的,它形成了人类思考的语境——在这一语境中行为主体与权力可被理解。对拉康来说,在我们的语词中言说自己的象征性系统是阴茎中心(phallocentric)的,即,所有的意义都是围绕着阴茎这个中心而展开的,它反过来又为其中的所有意义提供源泉。他指出,人类自我理解的路线,不是通过研究存在本身这种本体论被发现的,而是通过询问"'存在'是如何通过父权经济的重要实践而被建构和分配的"[31]这一问题被发现的。因此,拉康的的注意力所指向的并不是弗洛伊德对作为形成人们精神生活之真正生物驱动的直觉的强调,而是对这些形成我们在某种象征秩序中对自己的思考之语言建构的强调。同样,对这一秩序的关注将我们从这样一种观点:人类在道德上对控制(或不控制)他们本能的驱动负责,转向这样一种观点:人类是那些通过象征的宇宙的语言被言说进世界中的。通过以我们的方式言说与思考,这一秩序的法则使自身变得明显,并被证与肯定为真正的秩序。

在拉康看来,性—性别体系暗含于这一象征性秩序之中,在性别差异中维持人们或者作为女性或者作为男性而出现,并将他们锁定于相反的性欲模式中以及对异性的欲望模式中。欲望贯穿于这一体系,在斯宾诺莎的本能(conatus)概念中被预示为所有事物都努力实现自己的充分潜能,而且性差异就出现于这种欲望功能的安排中。拉康叙述的个人精神史指出性别化身体出现的几个阶段,这一身体如巴特勒所表述的,通过欲望的形成而物质化为如我们在前文化、前性别化阶段所虚构的身体——这一虚构的身体服从于父亲的语言与文化法则,在这种法则中阴茎占据支配地位。因此,我们所实施的行为并不是源于一些决定如何行动以及这些行动的原因的基本的雌性或雄性。相反,我们的行为是我们自己作为控制的中心的种种计划,是一种必要的虚构,重复地掩盖了对最初想象身体的回归的错失与不可能。拉康借用列维-斯特劳斯(Lévi-Strauss)的观点,认为行为在分离经济中所采取的形式,受到了乱伦禁忌和血缘法则的强化。拉康从中得出的结论是:"在人类与世界的关系中,有某种最初的、初始的、深刻的创伤……"[32]

在拉康对这一父权法则的分析中,男性被建构为那些**拥有**阴茎的人,他们拥有象征权力与文化权力,而女性则被建构为成为阴茎,并因此体现了男性身份所依赖的事实。在此受困于异性恋欲望的矩阵之中,这样一个人身份的构成就是源于对他者想象的未实现欲望。于是,我们都在欲望经济中被构成为从不满足的交换对象——在这种欲望经济中,当我们的言说再现时,我们的行为就会重复。朱丽亚·克里斯蒂娃(Julia Kristeva)和露西·伊利格瑞都探究了在阴茎意义之外解释女性想象之可能性,她们试图开启用其他方式进行言说的可能性。[33] 在此所想象的是**乐趣**(jouissance)的出现——这是拉康指定为归于在阳性表现者之外的女性处境的本性,它作为一种扰乱与破坏的力量,最终会通过爱的新诗学而改变象征性秩序。无论这是否肯定了女性的处境是在男性之外建构起来的,或者无论这是否是用新的表义实践(signifying practice)颠覆这一处境,都是在试图思考什么可能是外在于、或超越于性差异之中的持续争论。这种争论对本章的目标所暗示的是象征性秩序通过我们的行为表演自身,并在我们的性别化自我中体现自身,这样我们的生命就能够制定其法则。因此,我们的行为就不是我们的性别的功能,相反我们成为我们的行为所表演的性别。

行为主体在现代性中表征的中心是个体——个体具有通过她或他所做事情而自我实现的潜能,并且个体指导他或她自己充分实现之路径的能力是将世界中的意图变为结果的能量。在对现代个体的叙述中,行为主体权力变得建基于物质身体所归属的自然世界之上,并受理性心灵对关于什么是真、善、美的判断所支配。这种叙述被赋予性别意义,因为女性行为主体更紧密地与本性的要求和男性的要求相联系,更完全地与客观的和分离的推理之可能性相联系。麦克默里和麦克法格都以不同方式寻求缝合这一贯穿于现代解释的性别裂缝,且他们二人都认为迫切需要一种对行为主体之个体基础的新解释。然而,这些努力揭示她在人类实现的语言和重构我们对事物解释之律令的现代承继——在这两种被继承之物中仍然描绘了暗含于行为主体权力中的分离。

在对作为文化与精神意义承担者的行动人现象的关注中,我们被对意义——我们在行动中知晓与表演这种意义——世界的批判理论所吸引。自19世纪末以来的语言分析研究对这些洞见的提出十分重要,因为它们对意义在语言中出现的方式进行了研究。在20世纪中叶,这种富有成效的相互关系受到维特根斯坦与 J. L. 奥斯汀(J. L. Austin)的著作的额外促进,他们对我们使用语词行事之方式的理解开启了对语言表演力的研究。维特根斯坦认为语词的意义在于它们在社会背景中的使用;奥斯汀探讨了个体意图与制度背景的相互交织——这种交织是为了善于措词的演讲行为,即为了语言的恰当表演。朱迪斯·巴特勒的创新性工作引出了这种对语言的理解的性别意蕴。因为,据维特根斯坦的理解,性别语词的意义在于它们在背景中的使用;据奥斯汀的理解,它们的使用是一种表演、一种引用——在其中语词的使用者变成了这种语词被规范地使用的意义秩序的主体,而这一秩序又依次通过表演它们的人而言说自身。这类洞见使巴特勒能够指出性别本身是一种表演的结果;性别不再被理解为我的身份被建构的基础,而是作为语言表演的结果、结局与后果。

巴特勒对行为主体概念的批判本身是一种颠覆性的表演,她在这种批判中,通过言说另一种身体行动的方式而对在行为之后或之前有一个行为者的信念提出了挑战。巴特勒将性别说成是一种行为,她写到:

> 如同在其他仪式性的社会戏剧中,性别行为需要被重复表演。这种重复同时是重新赋予与重新经历一系列已经社会地确立的意义;并且是其合法化的世俗的与仪式性的形式。虽然有通过在性别模式中被风格化而实施这些意义的个体身体,但这一"行为"却是一种公共行为……表演是在其二元结构中维持性别这一策略性目标而产生——这一策略性目标不能被归属于一个主体,但是相反,它必须被理解为用来确立和巩固主体的。[34]

在这一行为主体权力向社会世界的转移中,行为主体的意义模式在个体行为中被表演与强化。巴特勒试图在这种转移中强调我们行动的表演本性——不是作为表达或揭示一些先在主体身份的行动,而是作为在被表演中实现这一身份的行动。因此,"性别现实是通过被维持的社会表演而被创造的"[35],且在这种创造中存在一种奇怪的授权(empowering)。因此在这里,我不再是权力的个体中心——我愿意在世界中或至少在我对它的理解中引起改变;我也不再是产生于关系的权力接受者——这种关系使我们能够共同找到我们真正自我的实现。相反,对巴特勒来说,只有当我也被征服时我才被赋权、才被生产为一个主体——通过这一主体超越我的理解的事物可被表演,并且在这一主体的行为中,传统的意义可以得到陈述。世界中的任何改变都未在此被思考。

这种随着后现代性而出现的新的言说方式对神学伦理学也是机会。因为宗教话语的表演本质已作为理解信仰是如何在行为者生活中被表现的有效方式而被研究了一段时间。[36]一类问题是考察宗教传统是以什么方式在崇拜、信条式断言与祈祷者中被重复叙述,通过这一方式信仰者被具体呈现为意义的主体。当我们转而考察传统时,这证实了一条后现代中最有效果的探究路径,它不是作为已消亡陈述的容器,而是作为思维生活的主干——信仰者在这一主干中发现她或他自己的意义。另一种问题是考察信仰以何种方式物质化于慈爱行为中——这种行为重复被发现于宗教共同体中的神圣模式。此处,共同体使其各种成员承担传统的象征主义,这些成员表演扮演着那一慈爱,并将那一神圣带给世界。因此,我的信仰坚定就被理解为表演性结果,它不是先于我采取好的行为方式的独立决定,而是通过超越我所知的事物而对固定身份的持续破坏。行为主体权力在此变成了一种爱,它独自展现我的人性。

注 释

[1] Thomas Hobbes, *Concerning Body*, I: 1, 6, 见 *The English Works of Thomas Hobbes*, ed. W. Molesworth, London, 1839-45, vol. 1, p.7.

[2] Jean Baudrillard, "Symbolic Exchange and Death," trans. Jacques Maurrain, 见 Mark Poster, ed., *Selected Writings*, Cambridge: Polity Press, 1988, p.124.

[3] 参见,例如,早期基督教妇女的故事。她们的生活违反了积极与消极的界线——通过在她们精神信徒中"变为男性","甚至经常穿着异性服装并作为男性而'经过'"。Grace Jantzen: "She will be called Man", 见 *Power, Gender and Christian Mysticism*, Cambridge: Cambridge University Press, 1995, pp.43-58.

[4] John Macmurray: *The Self as Agent*, London: Faber & Faber, 1969.

[5] Macmurray, *Self*, p.84.

〔6〕 Macmurray, *Self*, p. 107.

〔7〕 *Ibid.*, p. 145.

〔8〕 Macmurray, *Self*, p. 15.

〔9〕 因此,他将人的生命说成是开始于婴儿期,即,在出生之后。参见 John Macmurray: *Persons in Relation*, London: Faber & Faber, 1991, p. 47.

〔10〕 特别参见第四章,"退缩与返回的节奏",这一章描述了重要的母子关系。Macmurray: *Persons*, pp. 86-105.

〔11〕 Sallie McFague, *Models of God: Theology for an Ecological, Nuclear Age*, Philadelphia, PA: Fortress Press, 1987.

〔12〕 McFague, *Models*, p. 3.

〔13〕 *Ibid.*, pp. 64-69.

〔14〕 *Ibid.*, p. 68.

〔15〕 Sallie McFague, *The Body of God: An Ecological Theology*, London: SCM Press, 1993, p. 108.

〔16〕 McFague, *Models*, p. vi.

〔17〕 *Ibid.*, p. 159.

〔18〕 *Ibid.*, pp. vi-vii.

〔19〕 *Ibid.*, p. 202.

〔20〕 *Ibid.*, p. 197.

〔21〕 *Ibid.*, p. 212.

〔22〕 参见 Sallie McFague, *Super, Natural Christians: How We Should Love Nature*, London: SCM Press, 1997,这句话在本书中被重复使用。

〔23〕 McFague, *Super*, p. 175.

〔24〕 Sherry Ortner: "Is Female to Male as Nature is to Culture?", M. Rosaldo and L. Lamphere, eds.: Woman, Culture and Society, Standford, CA: Stanford University Press, 1974;还可参见 Seyla Benhabib: "On Hegel, Women and Irony",见她的 *Situating the Self: Gender, Community and Postmodernism in Contemporary Ethics*, Cambridge: Polity Press, 1992, pp. 242-259;以及 Luce Irigaray: "The Eternal Irony of the Community",见 *Speculum of the Other Woman*, trans. Gillian C.

Gill, Ithaca, NY: Cornell University Press, 1974, pp. 214-226.

[25] 参见,例如 Michèle Barrett, *Women's Oppression Today: Problems in Marxist Feminist Analysis*, London: Verso, 1986;以及 Sheila Rowbotham, *Women, Resistance and Revolution: A History of Women and Revolution in the Modern World*, New York: Vintage, 1974 和 *Women's Consciousness, Man's World*, London: Penguin, 1973.

[26] "Consumer Society", trans. Jacques Maurrain,见 Mark Poster, ed.: *Selected Writings*, p. 35.

[27] Jean Baudrillard: "The masses," trans. Marie Maclean,见 Mark Poster, ed., *Selected Writings*, p. 216.

[28] Baudrillard: "Symbolic", p. 124.

[29] Baudrillard: "Consumer", p. 39.

[30] *Ibid.*, p. 52.

[31] Judith Butler, *Gender Trouble: Feminism and the Subversion of Identity*, London: Routledge, 1990, p. 43. 参见 Jacques Lacan, "The Meaning of the Phallus",见 Juliet Mitchell and Jacqueline Rose, eds.: *Feminine Sexuality: Jacques Lacan and the École Freudienne*, trans. Jacqueline Rose, London: Macmillan, 1983, pp. 83-85.

[32] Judith Butler, *Bodies That Matter: On the Discursive Limits of "Sex"*, London: Routledge, 1993, p. 72. 引用 Jacques Lacan, *The Seminar of Jacques Lacan*, Book II, 1954-5, New York: Norton, 1985, p. 167.

[33] Julia Kristeva, *Desire in Language: A Semiotic Approach to Literature and Art*, ed. Leon Roudiez, trans. Thomas Gorz, Alice Jardine, and Leon S. Roudiez, Oxford: Blackwell, 1993; Luce Irigaray, *Speculum of the Other Woman*, trans. Gillian C. Gill, Ithaca, NY: Cornell University Press, 1974; Margaret Whitford, *Luce Irigaray: Philosophy in the Feminine*, London: Routledge, 1991; Michèle Le Doeuff, *Hipparchia's Choice: An Essay Concerning Woman, Philosophy, etc.*, trans. Trista Selous, Oxford: Blackwell, 1991; Michelle Boulous Walker, *Philosophy and the Maternal Body: Reading Silence*, London: Routledge, 1998.

〔34〕 Butler, *Gender*, p. 140.

〔35〕 *Ibid.*, p. 141.

〔36〕 参见,例如, Donald D. Evans, *The Logic of Self-Involvement: A Philosophical Study of Everyday Language with Special Reference to the Christian Use of Language about God as Creator*, London: SCM Press, 1963.

第7章 建构中的伦理学

▶▶

在以上三章中,我们探讨了在现代与后现代的交界处所遇到的困扰当代思考的一些领域。在这个我们所生活与思考着的时代,人们对现代性中被认为是理所当然的事情进行了一些反思,并且也认识到思想正向着接下来将会出现的事物转变。我们的生活被这些运作于我们文化中的揭示反思过程的变化所吸引,这样,通过批判性文化理论关注它们对于我们知晓自己以及我们的社会就变得十分重要。另外,这种反思性工作需要回溯到一些基本的哲学与神学问题上,并在这些学科中激发我们思想的更新——特别是当它们开始其工作时。因此有些学科的意义就在于对人类思考的实践与指导,没有其他机会能够具有如此多产的激发性,或者如此深度地使人心力交瘁。身体物质、语言主体与行为主体权力都是出现于这一交叉点的问题,并且它们都揭露了对现代思想之优势与弱点。在这每一个领域中,后现代思想都言说现代思想中的分离,这种分离一直存在而现在终于浮出了水面,并向我们提出了关于我们将如何从这一点开始的挑战。

思考性别发生于这些混乱之中,因为它使我们开始思考我们对女性和男性之理解是如何通过思想设定而形成的,以及思考我们是如何推理身体、主体和行为主体的——它们是我们的现代继承物,在参与这一传统时将它们自身系于我们的思想。意识到这一点让人不安,就像所有认真的自我反思一样,并且它是完全和深刻的自我牵涉,就像我们对自己是谁的迷惑一样。在这一交叉点上出现的基本问题是有关物质、语言与权力的，并且现代伦理思考的方式也在此受到了干扰。因为物质问题是关于现代性别伦理学所确立之基础的问题，这一基础被认为可以通过生物科学而被确切地理解，且这一基础可以为满足了其必要条件的伦理学、作为宿命的生物学以及抵制脱离肉体的理性中的引诱的伦理学提供论证。对生物必要性的肯定与拒斥都建基于这一物质问题所揭示的立场。物质到底通过何种方式体现出其重要性？因此，我们在这里又被引回了根本性的问题上。

语言问题所考虑的是现代伦理学给予言说者、语言的使用者的中心位置，通过他们的陈述与表达，自我揭示得以发生。现代性别伦理学关注这一言说权的扩张；关注对言说者身份与立场的承认；关注使言说者的考量合理化；并关注维持这种言说可能被倾听、承认与尊重的秩序。女性主义伦理学中出现的大量研究都假定这一企划作为开始的理由，尽管取消这一企划的大量威胁是认识到它本身可能并不是一个可持续的目的。话语问题揭示了作为这一伦理学之理由的人，并追问自我揭示的权威。在言说中我是谁？言说主体的话语以何种方式再次将我们引向对性别伦理学的根本考虑上。最后，权力问题时刻提醒我们注意男性与自然和男性与上帝分离的现代企划，这种分离随着现代性的诞生而以特殊方式被思考，人类行为主体在这种分离中被构想为世界上变化的制造者。性别伦理学被写入这一劳动分化是它寻求另外一种解释的理由，那种解释会将行为主体建基于关系的多面建构之上。然而，萦绕这一企划的忧郁，出现于对以下问题的后现代思考中——即关于解释的力量通过对分离的有意克服而招致这种变化的问题：这是否不是在它寻求缝合时，又实行分离？以及在此是否存在缝合性行为？以另一种方式变为我的人性是后现代性所带来的权力的不安。

所有这些事情暗示性别伦理学需要强调问题的复杂纠缠，在其中包含着人类获取自我理解与最敏锐智力的努力。这本书的总体目标就是，弄清楚在这一思考交叉点所出现的解释这些问题的性别伦理学之轮廓。

在这一章,考察三位恰好思考了这一问题的学者的著作将有助于我们推进这一目标。这三个人对后现代的挑战反应敏感,并且他们将对性别批判与重构的关切置于他们思考中的突出位置。他们一位是哲学家、一位是实践神学家、一位是道德神学家,他们提出了三种适合于这一背景的伦理学形成的建议,这些建议对于我们的仔细研究将是富有成效的。有两个问题可以指导我们对它们的解读:什么是他们三人都强调的性别的问题?什么是他们三人都赞成的伦理学这一审慎实践的本质?通过对这些问题如今被解决的一些方式的一种批判理解,可以使我们对于性别伦理学的思考得到进一步的发展。

能力的普遍主义

哲学家玛莎·努斯鲍姆在她的著作中提出了一种人性理论,并提出了一种人类实现的方式——这种方式强调充斥于现代伦理思考中的一些主要困难。带着现代性的问题阅读古代思想家,使她产生了一些关于人类及其理性方式的重要洞见,这些洞见在她对当代世界中实际的紧迫性伦理问题的推理结构的阐述中奏效。她被引向提供一种普遍的伦理与法律对话可在其中被建构的新斯多葛结构的可能性,这种可能性牢固地扎根于对基本人性的最具包含性的和最为根本性的描述。这一思考的开端是"人类与人类繁荣"的观念——努斯鲍姆认为这"是我们反思的最佳起点"[1]。这一概念"要求我们把注意力集中于所有人共有的东西,而不是集中于差异……并视一些能力与功能为比其他的更具中心性、更处于人类生活的核心"[2]。她认为她在详细的能力清单中所列出的这一人性的要素完全是我们做人之本质,并且她还认为实现这些要素是严格建构的伦理结构的目标。她提出这一理性人文主义作为我们时代的一种适当的伦理普遍主义——在这种普遍主义中,多样性可得到认识与尊重;许多人之间为了人类繁荣而进行的合作可以得到维持;而且在特殊情况中也可进行讨论并得出正确的判断。她在这一企划上的多产著作与热情能量,正符合她的兴趣:对"一种全球伦理和对分配正义的一种充分国际化的解释"[3]提出的必要论证。在这一宽广的视野中明确地推荐了一种伦理推理方法,从中可以发现一些对性别问题的考量。

对努斯鲍姆来说,性别是我们人性的非基本维度,性别是人类被社会塑造的形式之一,因此出现于许多伪装之中并可被无休止地操纵。我们人类能力的原材料是由可识别的性别模式中的社会期望和角色所塑造的,这种塑造随世界上的不同文化而变化,但却是所有文化共有的一个过程。性别的问题,如努斯鲍姆所理解的,是双重的。首先,性别规则中的差异会存在于共同人性意识的发展中。我们会如此认真地对待我们的性别之社会准则,或将它们无可辩驳地根植于文化实践或宗教信仰中,以致我们无法看到这一事实,即在所有这些之下我们都是同种类型的存在。虽然性别的形成是外表的塑造,是身体的肉体所被挤压进去的塑造,因此,虽然它对我们的基本人性来说是表面的,但它却能够阻止我们真正看清我们是谁,因为它以其对我们行为与思想的权力遮蔽了我们的视野。在这种情况下,思考性别是潜在地分裂性的,因为它需要我们舍弃社会形式以触及这一基本人性。我们可能不会认可同样的行为或着装准则,但我们却能在任何地方识别出女性和男性,因为他们同我们自己一样经历着同种类型的塑造。正是这种当我们恰当地关注我们的经验时清晰所见的识别,对努斯鲍姆是十分重要的。性别的诱惑使我们将自己对人类的所有理解放置于性别术语中,而思考性别的恰当位置就是用更为基本的概念去质疑我们的社会化。

这将我们带到如女性主义者所提出的第二个性别问题,努斯鲍姆对此也是敏感的。据称,对我们基本人性的假定的性别中立解释的所有尝试都是被男性的利益所驱使的,这些解释之后被投射为男性的理想形象,而将存在于这些解释之中的女性排除在外。通过引用凯瑟琳·麦金龙(Catherine MacKinnon)的观点:"做一个女性还不是做一个人的方式"[4],

努斯鲍姆承认目前已经提出的人类物种的定义具有性别化特征。然而,努斯鲍姆却认为并不一定需要如此,且她在自己对基本人性的描述中,试图提供一个既是最具包容性的可能解释,又是作为"正义之工具"[5]的最有力的解释。在她对人类能力的描述中所寻求的是一个将会"更难抑制住的"概念,它将尽力要求我们在关于谁被解释为人类的争论中做出断言。这样,理性就成了女性主义者的一位最好朋友,它根据三段论推理的要求对论证进行规范[6],并揭示排他性和歧视性的主张都是非理性和非正义的。同样在这里,性别问题是一种源自未经清晰思考的排他,其补救措施是消除对女性的父权制解释,以及不再否认女性拥有受理性指导的思考与完全的人性。因此,学会言说我们基本人性的这一话语是十分重要的,因为在论证中所使用的这些语词将显示出"在为女性伸张正义中的普遍人类观念之力量"。[7]性别形成的所有社会实践、所有经济差异、所有宗教信仰、所有传统模式,以及所有制度都被带到这一理性法庭上,在那里对人类繁荣的承诺将受到共同标准的检验。

　　努斯鲍姆对伦理学这一审慎实践理解的轮廓已经变得清晰。努斯鲍姆在自由主义哲学与政治学传统中进行写作,她深深地承认个体主体在实施其清晰推理能力中的自主性,并关切这些独立形成的决定的潜在无政府状态。这些决定缺乏恰当的、充分的、包含性的和有说服力的框架——在其中会得出与确定正确的判断。因此,我们在理性中是自由的。努斯鲍姆对后现代的碎片十分谨慎——后现代的碎片将共同人性的框架打碎为无穷小的不可通约的多样性,因为这些碎片有模糊"我们确实认识到其他人是横跨各个时空的人"这一事实之嫌,这些认识是得出对"那些构成作为人类的生命之特征,无论它是什么"[8]的一种更为全面解释的基础。她还极力批判那些反本质主义的后现代论证,那些论证怀疑所有的普遍主义伦理学都破坏了文化差异以及"相异性之美"[9]。努斯鲍姆反对这些立场,提出了她的"历史地、基于经验的本质主义"[10]——"强调它不是形而上学的",因为"它并不要求来自任何外在于历史中对人类的真实自我解释与自我估价的源泉",而是以"变得尽可能地普遍化"为目标。[11]伦理学这一审慎实践引导我们触摸到我们人类的基础——这一基础存在于这一相互承认与这一得到广泛认同的共识中,并在这个基础上,促进那些在当代世界是如此必要的对人类的同情与尊重的表达。

在一种意义上,努斯鲍姆的性别伦理学可被理解为与产生大量后现代思考的尼采的哲学批判是一致的。她认为,尼采的这一"上帝之死的消息带来了虚无主义的威胁"[12],因为它使一种天真的形而上学现实主义建立价值之超越基础的尝试不再可能。然而,对努斯鲍姆来说,这强化了深深根植于人类经验的伦理估价的情形,并因此强化了并非源于人之上或人之外,而是源于人之内、源于整个人类的现实主义情形。她嘲笑了那些认为这些是伦理学之无价值基础的人所感到的羞耻,她实际上批判基督教对希腊化时期人文主义中"兴起的女性主义共识"[13]的破坏。因为她的伦理学方法依赖于这样一种信念,即人的解释在我们对现实的理解中起着重要作用,她的方法并因此依赖于估价行为自身的重要性。虚无主义可以通过一种人性观念的出现而被避免——这种人性观念要求我们理性地公开同意、争论与考察。对这种人性观念来说,它的感召力也可以普遍存在,它也很好地服务于我们的价值行为,使我们不致迷失方向。另外,努斯鲍姆生动地写道:"除非我们将它置于什么是对人类繁荣有益的观点这一背景之中,我们并不理解苦难或者缺乏或者阻碍的意义。"[14]这就是我们基本人性的观念,这一"观点"起着媒介的作用,它为我们的热情与互相尊重的被感知提供媒介,它在正义的法庭上协调我们的行为与思想(它相当铁面无情),且最终架设跨越"潜在人性及其充分实现之间鸿沟"[15]的桥梁——这促使我们接受它对我们的道德要求,并使虚无主义走投无路。

然而,这暗示在另一种意义上,努斯鲍姆完全未察觉尼采批判的自我指涉特征,尼采的批判转过头来反思在评价行为本身中所发生的事情。

尼采也就是在这种深入理解中理解我们的人性的,也是在此尼采听到了人性的痛苦。因为在评价的要求中,既一再地表达了权力意志,又一再地扮演了深层的服从。并且在这一理解中,开始出现了一种更深的无法回避的虚无主义。努斯鲍姆通过正确的知识提供了一种虚无主义,并且在她所提出虚无主义中存在着权力意志的重复和被重新唤起的服从。因为她的观点是一种更高的观点,它允许我们言说我们所生活的"人类身体"——这一身体作为一系列限制与可能性而具有重要性,是从这一高处对它们进行客观判断的原料。她的虚无主义所主张的是言说主体,在这一主体的语词中,人的形像呈现于我们面前。并且在她的认真教导中,我们将学会正确地思考我们是谁。她的虚无主义要求人们拥有把世界掌握在自己手中的权力,并通过自己的谨慎工作解放自己——这种工作所代表的价值是所有有理性的人都会认同的。将我们的思考建基于这一真理之上就是重建城邦的城墙,而且比从前更为厚实与坚固。但是这种重建却不是未经反省的回归,而是建立在反思的破坏之上。

转型的实践

另一条研究性别伦理学的途径是考虑实践在人类生活形成与转型中的中心地位。在此,关注的重点放在人类在性别中所形成的社会关系上,使他们自己成为社会价值与规范的承担者。与前面的方法一样,这一方法也将性别理解为一种社会建构,理解为一种行为与自我理解的复杂模式——人类在这种模式中被识别与接受,并在人际关系与社会活动中给人产生深刻印象。性别被理解为是无处不在的,一些我们作为女性和男性而生活的形式存在于任何地方,因而,性别变成了一个我们通过它认识我们自己,以及反思我们是谁和我们做什么的基本范畴。总的来看,这一途径不愿意求助于一些社会实践之外的人性概念,甚至也不求助于力求如努斯鲍姆的人类能力框架一样缺乏特别细节的人性概念。这种不情愿的基础是社会高于自然的设定,即社会实践形成了被认为的人性。因此,所有试图在实践之后或实践之上抽象地建立人性基本概念以作为判断基础的努力都失败了。它们只能重复孕育出它们的特定实践。因此,我们必须关注的是这些实践本身,去发现它们运作的技术,并且在对这些运作的揭示中找到开启与转变实践的途径。

这种方法可在神学家伊莱恩·格雷厄姆(Elaine Graham)的著作中得到说明。她的兴趣在于论证这种转型是如何可能在基督教教会实践中被实施的。格雷厄姆的著作属于宽泛的解放神学家的流派——他们强调神学最基本的是一种反思实践,即神学既反思实践又决定实践。她也将这一思考方法理解为我们生活的时代——"一个不确定的时代"[16]——所必须的,并认为这一思考方法对在未来形成更为正义的实践上是有效。随着在后现代性中提供意义之宽广视野的丧失,以及对作为权力重申的任何新的重要计划的广泛怀疑,格雷厄姆转而研究人类行为主体与实践。在此,我们可以开始"确定将基督教的教牧实践建基于替代性价值之上,而不是建基于那些来自理性伦理对话的价值之上"[17]。她希望地方教会共同体可变为培育这种反思的场所,人们还可在那里持续地参与行动的形成,以反映其致力于开放性与对话。于是,教会就变成了在所有社会实践中都是可能的转型的模范,这样自我批判地考察其自身的实践就是关怀所有人的教牧神学之最为重要的任务。此外,考虑格雷厄姆将性别的问题理解成什么,以及她概括为合于后现代的伦理学这一审慎实践是什么,在此对我们是有帮助的。

格雷厄姆相当赞同当代的理论,也将性别写成是"社会组织的基本形式"——这种基本形式"几乎是人类社会关系的一种表现"。[18]她将这种理解置于两种性别观点之间。一种性别观点是将性别视为"一种本体论状态";另一种性别观点是将性别视为"一种个体的固有性质"。我认为这意味着她明确考虑要在决定论与唯意志论之间采取一个立场,即认为我们据以作出区别的那些范畴并非是永恒不变的和非历史的,也不是仅仅由一些"无实体的前文化的原始自我"所选择的。她写道:"任何人类社会中的生活经历都是做一个积极的、有创造性的行为主体的经历,与此同时认识到约束与许可……它们禁止一系列更为宽广的选择或生活方式。"这使得性别范畴成为"自我反省的"——格雷厄姆将此理解为"允许人类行为主体与批判性审查,同时不低估它决定我们生活的能力"[19]。因此,性别的问题存在于我们的思考之中,存在未经反思之中,这样我们就滑入了一种极端的与错误的立场:或者将一些前社会的事实归于性别,或者寻求一个解释它的非性别立场。这种精心思考的失败导致了给予"作为无关系的、无背景的和具体化的"性别一种无根据的"特权"。[20]性别的不正义,例如排斥、贬低与屈从,在此都被认为是我们思考中这种错误的后果——这种错误的结果是在允许人类行为主体繁荣以及持续更新与转变上,我们的社会实践不能达到其应该达到的效果。

因此,格雷厄姆要求一种**实践**的批判现象学(critical phenomenology of praxis)[21]。这是一种考察性别实践或性别体制的方法,用以揭示各种模式中的排他模式以及在其中未被承认的模式;这还是考察替代的性别实践或性别体制的方法——它会向每位人类行为主体敞开边界,并肯定他们的价值。两条女性主义的洞见对这一任务特别重要。女性主义对境遇知识的强调坚持"超越性真理要求的空缺",这样"共同体的目标性实践就可被认为构成认识论标准与规范标准"[22]……没有一个判断实践的外在立场。在对我们视野之局限的这种意识中,第二种洞见是十分重要的,因为它指引我们关注被压制的"他者"——这一"他者"由"对单一性的与占支配性的观点的肯定所创造",并挑战着单一意义的伦理权威。[23]例如,对迄今为止所隐蔽的女性的需要与经验的揭露,可为体现于一系列既定地方性实践中的规范与价值的重新排序开启路径。因此,"性别挑战着教牧实践,拒斥任何存在于形而上学或超越人类行为主体或中介的来源或规范体系",且在之后颠覆努斯鲍姆所推荐的伦理思考模式中,"可靠的与可证实的准则"在"实践与共同体的反省中被确立起来"。[24]

格雷厄姆提出:"后现代主义的僵局之解决不是通过厌恶其形而上学与支配理性的批判,而是通过坚持有目的、一贯的和有约束力的价值可在人类活动与价值导向性实践的核心中得到清楚表达。"[25]因此,性别神学的任务就是"它自身批判性地强调基督教实践、价值与神学隐喻对特别的性别观念与性别关系之产生与维持的贡献"[26]。

这一对解构与重构方法的专注需要一种它可能够得到支持和维持的视野。格雷厄姆多数将这种视野描写为实践自身的视野,这样我们的思考就会不断地转回去反思它所从中出现的实践。实践反思的循环本身变为了一种要求,一种社会生活施加于其成员的内在必要性,于是"就出现了这样一种实践的视野,它坚持个人行为既由权力关系所建构,又超越权力关系。"[27]此处有对人们的训练,使他们记住他们属于哪里并关注他们的起源,经常返回其"超越性"以满足给予他们生命的实践的需要并引起这种实践的改变。因为实践自身被认为"构成了认识论与规范的标准"[28],并产生了"伦理的与认识论的价值"[29],所以,解释的任务,神学智慧与解读的任务就是揭示这些价值,这样,实践的转型就会在这一视野中实现。这种转型是对被压迫者伦理权威的恢复与命名——通过它们"曲解与普遍化的命令"能得到揭示,而且基本价值可被重新排序。[30]然而,继续沿着这一路线进行思考却需要我们追问当这一实践为了实现赋权而介入这一评价的逻辑时,这种实践本身是何种实践。对神学伦理学来说,这一思考的中心点是主张:"……如果实践确实构成了人的身份与意义,那么行为就不是信仰之外工作,而是信仰的前提。"[31]因此,这是谁的行为?是何种信仰?

我们是那些使"教会在人类社会中宣布并颁布福音"[32]的人,这就是格雷厄姆对父权制实践之女性主义批判的结论。教会现在试图参与存在着差异的实践。这就变成了信仰的伦理定义,这一定义强调人类行为主体是在媒介中心社会地形成的——新行为主体也是从中产生的。我们是要去揭示、去扮演、去命名、"去确保转型实践的揭露律令(disclosive imperatives)决定信仰共同体的自我理解了吗,而不是反过来"[33]。但这不已经是反过来了吗? 这不已经"涉及作为根植于人类行为主体中的所有神学对话"的共同体的自我理解了吗?[34]实践能够从这种自我理解中引用并赞成彼得·霍森(Peter Hodgson)的十分惊人的主张:"上帝的存在可能确实是我们有意义地言说上帝之能力的一种功能。"[35]这种信仰是在什么意义之上的?我们是对揭示负有责任的人这一点就成了"希望之律令(the imperative of hope)"[36],这样,"一种超越的概念就是通过教牧遭遇与实践的直接性与具体性而产生,它们迫使人类共同体超越自身的限制与局限"[37]。然而,这种通过我们自己的实践而产生的超越不能解释格雷厄姆的这一主张:维持这一揭示性实践的视野是"建基于对共同人性与伦理行为之可能性的前承诺之中"[38]的,这一承诺的位置是整个企划所依赖的未得到承认的枢纽。因此,由于恐惧权力的被剥夺,性别问题给自我救赎的实现带来一个颤抖的人性。

自然的价值重估

第三种研究这种性别伦理学——在其中充斥着物质、语言与权力的后现代不安——的方法,是由道德神学家卡希尔(Cahill)提出的。卡希尔认为性与性别揭示了"基督教道德之认识论基础中的裂缝"[39],她试图重新将性别伦理学建基于自然法理论,将努斯鲍姆的普遍人文主义要素与对转型之历史实践的强调联系了起来。因此,她的著作被许多女性主义者视为性别思考与基督教传统的最困难的交接。这种交接处于她所称的"正面"冲突的前线——对话的一方是其有关性的原罪的道德规范与其"恰当的性别等级制"的"严厉与严格"之地位;对话的另一方是"对道德体系的历史化解释或'后现代'解释"。[40]这种"理性与传统权威之间"[41]的对立是随启蒙而出现的,并在现时代塑造了道德推理。基督教传统似乎在圣经或自然道德法中提供了永恒的基础,被认为持有关于性与性别的真理性主张,其权威在道德推理的"演绎决疑法"[42]中得到了实现。现代道德哲学受康德的影响,寻求将道德推理建基于人类理性的自主性结构之上,而非建基于从经文上或自然地知晓的事物的秩序之上,并且在此之中出现了反基础(anti-foundational)的认识论。根据卡希尔的观点,这里所要求的道德推理的纯粹形式本质在后现代性中得出了其逻辑结论,因为在其揭示理性自身为总体性意识(totalizing consciousness)中,后现代思考向我们呈现的是一种反理性的与破碎的解决道德问题的路径。卡希尔的著作试图证明自然法理论对解决道德问题来说,既是根本的又是理性的方法,并且它还能够缝合现代性所呈现出的裂缝。

对卡希尔来说,这种解决方案取决于身体与具体化经验的重新出现和价值重估,并且我们因此是在与真实生活的身体之关系中把性别问题思考清楚的。因为"一种亚里士多德式或托马斯式伦理学方法依赖于一些生物连续性"[43],所以卡希尔认为:"像这样的[身体]以及在其生理学中的[身体],在时间与空间上是相对不变的";身体经验参与文化制度,并由文化制度所形成;并且对身体的"批判性与规范性立场"是可能的,而既无需屈从于脱离实体之理性的现代抽象,也完全无需屈从于身体的后现代解构。[44]卡希尔假定"在为生育而进行合作的男性与女性的性之间存在着人类身体的跨文化差异",但带着对女性主义批判的敏感,并不认为这种普遍的雌雄异形(sexual dimorphism)应该"提供基本范畴,用于将人类在社会关系中组织起来,而不是特别地为了建立社会等级制"[45]。因此,虽然"人的身体提供了社会关系所建立的特别联系"[46],并产生了我们道德关注的某些基本事实,但卡希尔却知道"人类的道德企划……是在我们的天生身体需要、能力与倾向(无论我们发现它们是什么或如何发现它们)之上、与之共同和之外起作用的,目的是实现人类的有美德的与幸福的生活"[47]。因此,她认为,性别是一项"道德企划",它"需要生物趋向、能力与差异的社会教化,包括它们通过其本性而倾向于创造的社会联系",且在此之中存在着一种对作为"更多机会而非限制"的身体的肯定。因为,生物学上性差异所需要的性合作,以及由男性和女性父母身份所产生的社会关系,共同提供了"爱、承担、尊重、平等与建立趋向共同善的社会团结之人类美德的基础与内容"[48]。这一性别之道德企划的准则受到了这些人类美德之识别与实现的指导。

这一企划所需要的审慎实践可见于亚里士多德—托马斯自然法框架中,这种审慎实践提供了价值重估工作所必需的不同文化间批判与激起社会变化[49]的"可靠的与有效的"源泉。卡希尔解释说,在自然法理论中:"'自然'的概念是以人类经验本身为基础建立道德诸善或道德目的的手段";法的概念是"通过将诸善呈现为像'法律'一样的选择而给予诸善一个道德上有说服力的特征";并且"作为推导自神圣理性或'永恒法'"的自然法本身是"在更大的神圣天意结构中设置人类诸善与道德"。[50]这样一种理解强调从普遍人类经验得出道德原则的归纳法,这种归纳法通过识别什么是对人类繁荣真正善的事物之持续实践而变得合理,它被理解为一种表达上帝给予的"每种生物通过上帝而追求正确目的与行为的倾向"。[51]因此,卡希尔试图证明"男性与女性之**性平等**的实现"是人类作为性体现存在而繁荣的条件,而且"**生育、快乐**与**亲密**"是更深层的价值——它们是"制度、性别、婚姻和家庭应该伦理地和规范地回应和提升的[价值]"[52]……这种对人类实践的合理批判有助于提供"性价值与幸福通常所指的方向",并同样提供"一个为更好的性与性别的人道方法与基督教方法而进行的**辩解**"。[53]这种方法能够灵活地应对文化多样性与历史变化;它在期望与承诺上是现实的;通过对共同经验的对话而是可修正的;并指向善的充分实现——上帝所创造的生命就是为了这种善。

对卡希尔来说,性别之道德企划变成了一种恢复"神学的理性概念"[54]的方式,在这概念中,权威与理性在转型训练中既受到尊重又被实现。为了这一企划,"我们将不得不重新发现或重新发明对知识与真理以及人类经验中的'普遍性'的一种合理解释",这样理性就可取代纯粹权力在公共事务中的运用。[55]这一重新发现/重新发明包括既关注"作为体现人类现实的性与性别",又关注识别基本价值——通过这些价值性与性别可变得"被基督教素材所贯彻"[56]。这些基督教素材在此是企划的内容,并且它还包括在与他人合作的精神中"价值提炼、扩展与取代"[57]的持续过程,通过这一过程各种自然的性差异的制度化就能够得到评价——这就是它的方法论。卡希尔认为,这种作为基督教信仰实践的道德推理模式,是通过经文和后来的传统而被很好地例证的,并且它就在信徒的心中。

  基督教信徒通过既尊重人们的具体与社会层面,又尊重他们的人际与意图层面而转变人类的性与性别事实。基督教性与性别伦理学,作为一种转型的信徒伦理学,既建立于人类文化实践又改造着人类文化实践,因此它们就能更好地体现基督教的道成肉身、共同体、团结、忠诚、热情与希望的价值——它们使道德与社会变化成为可能。[58]

在这种性别伦理学中,对上帝意志设置人性的权威性存在的忠诚,与对得出其合理的重新解释之可能性的意愿联系了起来。

  对自然法伦理学的修订——卡希尔就是一个例子——在道德神学与当代哲学的持续对话中已经变得十分重要。并且据此原因,对自然法伦理学的修订在许多有关性与性别的争论的尴尬的接合点得到了例证。为了强调这些关切而对传统的恢复曾经是一项令人不安的企划,它所引出的问题是:在一个传统中忠诚是怎样的,以及冒险提出一种解释是怎样的?人们不会因发现这些困惑也在此证明了它们自己而感到奇怪,这引导我们更仔细地考察卡希尔的修订努力。忠诚的问题出现于她对自然概念的使用中。卡希尔指出对自然的一种理解是当人们走到一起考虑他们的共同经验时所出现的东西,这样,与其说它是一种关于"事物的'自然秩序'"[59]的陈述,不如说它是对我们能够识别出的我们所共有的东西的归纳概括。与此同时,她将这种本性说成是一种所有事物根本的生物统一体,这样我们对它的关注,甚至带着怀疑,都是一种忠诚于亚里士多德—托马斯传统的方式。然而,这是否确实如此?这一实用认识论回避了确实是这一传统之实质的问题之本质,即对自然之本质的关切——我们通过这种关切质问自然是否是作为一种在对话中被召唤的暂时的超现实(hyperreality)而用作人类决定的基础与背景,以及自然是否要成为任何事物的"用来确立的手段"。这一问题要求我们进一步反思我们所说的"自然"是什么,以及反思自然所象征的急于填充意义空无的方式。后现代的虚无主义已经看到了基础并不是真实的,在这一自然的设计中言说自己,这因而揭示了言说者而非言说对象,且在那一意义上它并不存在于亚里士多德或托马斯体系中。人们必须问这是以何种方式忠诚于这一传统中的真理问题的。

这一问题也存在于身体物质上,且特别依赖于身体以提供讨论"人类需要、诸善,与能够最好地实现它们的生活方式"之"支柱"。[60]人们在此认识到身体的法则显现以使我们处于适当位置。卡希尔在她对"物质主义"[61]的拒斥中对此是清楚的,并将"我们物质性的最基本与广泛形式"说成是我们与他人共享的物质存在。[62]此处所需要的启发式虚构通过悬置"身体"而缓和地承认其解释的源泉,使我们知道它确实是不真实的[63],以及通过将读者置于替代性的无方向漂流中而使我们知道这一点。坚持我们所知道的具体化——它为我们的道德思考提供稳定性与秩序——是将我们并不相信的道德付诸行动;因此,它是一种坏的信仰,在其中,我们的假装和借口,保护我们免于被卷入忠诚所需要的自我之中。那么,通过对卡希尔引导我们介入的身体的思考,我们被指引向什么?这里存在现代性的抽象与后现代性的解构之间的结合。通过现代性的抽象我们得出例如关于什么是"天生的"、什么是"持续的"、或什么是"有区别的"一般的主张——因为,若没有现代性的理性,我们又怎能以这种方式言说这些事情呢?后现代的解构要求读者在假装中用会意的眼神进行勾结。这样,她要求在"可信赖的与持续意义"的法则中打断巴特勒有关身体物质性的自我反思问题[64],这与其说是保护它免受卡希尔所指的后现代性的困扰,不如说是表达了这些困扰。当真理在这一传统中出现时,我们对表现为法则的身体这一必需的栖所的服从是否是一种忠诚于真理的方式?

真理的困惑当然是存在于我们这个时代,在我们所有的解释性行动中都能读到后现代性,它要求我们重估价值——通过重估意志就可以获得真理,并置我们于选择之前——或者是这样,或者是混乱。因此,我们被细心地教导去认可以下观点:对真理的所有寻求实际上是权力的自我寻求,这也是我们必须参与的事情——如果我们要被赋予作为人类自我的权力,且不被清除出历史大潮。这一必要性已在权力的缺失中被言说,并因而在上帝之死亡所带来的空虚中被言说,它冒险提出一种由人性所承担的似乎更为适度的权威——评价的权威,它只要求能够将其特殊关切放到某种更大的结构中。对价值之重复肯定的必要性,以及在进一步肯定中提炼与重估的必要性,是限制与扰乱卡希尔的解释任务的后现代现象。解释在此意味着去评价、去发现什么是人们在过去所珍视的东西、去回忆在基督教传统中一贯的价值、去根据我们目前的人类处境重估这些价值、并重新肯定生活的今日被排序的价值——并且我可以进行所有这些事情而不会使自己陷入困境。因为,似乎我在这一性别的道德企划中并无危险,而只是我所描绘的价值受到了质疑,这样,在这里就不是属于信仰行动的自我牵涉的解释,而是一种把我自己移除的练习,一种关于我如何出现的争论——我仍能够在其中毫发无损。因此,这一解释从未涉及我在解释性行动中是谁的问题,并因此从未真正涉及我们的灵魂趋向于上帝存在的问题。

性别伦理学的这三个提议都是在现代性与后现代性相接合的背景中形成的,并且它们都关切在一个混乱与不确定的时代保护与提升人。第一个提议是弄清楚什么是我们人性的基本能力,及在个人生活与社会生活事务中运用这些能力指导决策的途径。性别的问题在此被表现为一种错误的思考——它将非本质特征强加到我们的自我理解之中,而且它能够通过理性判断的审慎实践而得到校正,其目的是恢复普遍性的视野。理性的这一高贵努力向我们提供了能够在充分人类尊严中呈现自己,以及在我们生活的琐事中为了人类繁荣而共同工作的希望。第二个提议是一种使未来摆脱过去的问题而变得有所不同的方式。性别问题在此是施行着服从与贬低价值的排外性实践,通过在新的共同活动模式中解构其意义与价值的审慎实践它将被改变。在这里存在着价值的产生——由解释被压制者的视野所支持,并提供了在可能的期望视野内制造与再制造人类的一种途径。第三个提议是一种对道德推理之传统结构的重估——在这种重估中,什么是自然的概念可被用于表明适应当代的需要,以及对人类充分实现的目标具吸引力。性别问题在此是一种随身体而出现的差异之僵硬的和过分扩张的制度化,这种制度化通过一种将我们社会结构的审慎实践排序而被重估——通过那些可识别的价值而成为普遍人类。因此,性别的道德企划有助于社会的全面人类化,它自身通过体现了改变之可能性的基督教价值而改变。思考这些产生伦理学的提议使我们更深地介入我们人性的问题,并更深地思考注入我们时代的伦理。

注 释

[1] Martha C. Nussbaum: "Human Capabilities, Female Human Beings",见 Martha Nussbaum and Jonathan Glover, eds.: *Women, Culture and Development: A Study of Human Capabilities*, Oxford: Clarendon Press, 1995, p. 62.

[2] Nussbaum: "Capabilities", p. 63.

[3] Martha Nussbaum: "Human Functioning and Social Justice: In Defense of Aristotelian Essentialism",载 *Political Theory* 20:2, May 1992, p. 205.

[4] Nussbaum: "Capabilities",文本与脚注, p. 96.

[5] *Ibid.*

〔6〕这种最简单的三段论是:前提 1:人是有某种运用道德要求能力的生物。前提 2:你身边的这一生物具有你从经验得知的这三种能力。结论:因此,这个生物是人且值得被尊重。

〔7〕Nussbaum:"Capabilities", p. 98.

〔8〕Nussbaum:"Aristotelian", p. 215.

〔9〕*Ibid.*, p. 204.

〔10〕*Ibid.*, p. 208.

〔11〕*Ibid.*, p. 215.

〔12〕*Ibid.*, p. 213.

〔13〕Nussbaum:"Capabilities", p. 98.

〔14〕*Ibid.*, p. 239.

〔15〕*Ibid.*, p. 89.

〔16〕Elaine L. Graham:*Transforming Practice:Pastoral Theology in an Age of Uncertainty*, London:Mowbray, 1996.

〔17〕Graham, *Transforming*, p. 112.

〔18〕Elaine L. Graham:*Making the Difference:Gender, Personhood and Theology*, London:Mowbray, 1995, p. 217.

〔19〕Graham, *Making*, p. 218.

〔20〕*Ibid.*, p. 221.

〔21〕Graham, *Transforming*, p. 140.

〔22〕*Ibid.*, p. 156.

〔23〕*Ibid.*, p. 193.

〔24〕*Ibid.*, p. 141.

〔25〕Graham, *Making*, p. 227.

〔26〕*Ibid.*, p. 231.

〔27〕Graham, *Transforming*, p. 107(我所强调的).

〔28〕*Ibid.*, p. 156.

〔29〕*Ibid.*, p. 161.

〔30〕*Ibid.*, p. 193.

[31] Graham, *Transforming*, p. 205(首次强调).
[32] *Ibid.*, p. 204.
[33] *Ibid.*, p. 206.
[34] Graham, *Transforming*, p. 204.
[35] *Ibid.*, p. 172. 引自 Peter C. Hodgson: *Winds of Spirit: A Constructive Christian Theology*, London: SCM Press, 1994, p. 65.
[36] *Ibid.*, pp. 306、210.
[37] *Ibid.*, p. 209.
[38] *Ibid.*, p. 173.
[39] Lisa Sowle Cahill, *Sex, Gender and Christian Ethics*, Cambridge: Cambridge University Press, 1996, p. 14.
[40] Cahill, *Sex*, p. 1.
[41] *Ibid.*, p. 40.
[42] *Ibid.*, p. 12.
[43] *Ibid.*, p. 75.
[44] *Ibid.*, pp. 79-80.
[45] *Ibid.*, p. 82.
[46] *Ibid.*, p. 76.
[47] *Ibid.*, p. 77.
[48] *Ibid.*, p. 89.
[49] *Ibid.*, p. 45.
[50] *Ibid.*, p. 46.
[51] *Ibid.*, p. 47.
[52] *Ibid.*, p. 110(首次强调).
[53] *Ibid.*, p. 117.
[54] *Ibid.*, p. 69. 引自 Jack A. Bonsor: "History, Dogma, and Nature: Further Reflections on Postmodernism and Theology", 载 *Theological Studies* 55, 1994, p. 311.
[55] *Ibid.*, p. 69.
[56] *Ibid.*, pp. 108-109.

〔57〕 *Ibid.*, p. 109.

〔58〕 *Ibid.*, p. 257.

〔59〕 Cahill, *Sex*, p. 72.

〔60〕 *Ibid.*, p. 13.

〔61〕 *Ibid.*, p. 73.

〔62〕 *Ibid.*, p. 76. 这个原因使我发现卡希尔所提出的是一种自然女性主义形式。参见 Susan Frank Parsons: *Feminism and Christian Ethics*, Cambridge: Cambridge University Press, 1996, pp. 141-143.

〔63〕 *Ibid.*, p. 76. 在这一部分中有关于语词的括号之奇怪使用。为什么？

〔64〕 *Ibid.*, p. 87.

第8章 差异的构想

▶▶

我们已经简要考察的这三种性别伦理学提议暗示我们能够以多种方式回应这些时代,并在这些时代中寻找良善的人类生活。这三个提议都形成于我们正经历着的向后现代性的转向中,并因此不再完全在现代伦理讨论形式中出现。这三种提议揭示了一个对被认为是我们人性之本质的女性和男性平等的承诺,这样,这一真理就变成了对性别之伦理思考的指导。通常,处于这些提议之前的是一个指导性的问题:这一真理能够以何种方式在我们的日常生活与关系中被认识与践行?对这一真理的承诺反映的是在启蒙时代的现代思想中所出现的最为珍贵的洞见,而且在这个意义上,这些提议延续了对人类价值的肯定以及对所有人的平等之现代议程的肯定。这三种提议也都批判了伦理学的现代发展,特别是当它们已经导致了成为我们当今思考之特征的性别问题时。否认我们基本的共同人性而将性别作为一个有差异的范畴而非理性地使用,使社会集体与社会制度变为女性与男性不能在其中实现平等尊严的畸形物,将自然及何为自然的之困惑理解用于重复在与男性的关系中贬低女性的性别等级制——所有这些思考性别的模式都受到了贯穿于现代性的伦理讨论的挑战,并预示了如今对我们是如此成问题的性别裂缝。

可见,后现代思考已经扰乱了这些提议,用对非理性的派系忠诚、在原则的应用上并不一以贯之、不能使自然历史化,它们都表明了对现代伦理学的不安。因此,每一个提议所言说的都是当今出现的对现代性的批判。虽然存在着以系于启蒙的特殊方式对平等之真理的坚持,但我们也认识到这一企划并未被充分实施,而且,如今平等的实现以各种方式受到了后现代困扰的威胁。在每一种提议中所揭示的尴尬都在福柯关于启蒙的论文中得到了描述。我们生活在一个矛盾的境地中,在其中"能力的增长与自主的增长之间的关系并不像18世纪时人们所认为的那样。"虽然启蒙伟大地承诺了"个人与他人的同时与均衡发展",但我们如今的处境仍向我们提出了这样一个问题:"能力的增长如何能够与权力关系的增强脱离正比关系?"[1]这三种伦理结构都受到了困扰,因为它们都有可能使我们丧失对平等的期望。并且这三种伦理结构都被驱使通过其主张找到一种方法,从而为一种伦理人文主义提供必要的基础与视野。因此,它们的特征是保护不能被拒斥的关于我们人性的真理。它们不放弃哪怕是最小的社会变化之可能性;它们对确实应该在某处停止的对基础之持续解构表示不安。因此,它们所言说的声音也是假定与强化一种权力。但是,福柯所描述的矛盾——能力的获取或许不再能够适应争取自由的斗争——是在这些提议中焦虑地前进的困扰性问题。

因此,随现代人文主义而出现的性别伦理学在许多方面仍然与启蒙的理念相联系,并与伴随它们的批判性思考方法相联系。人类个体观念被理所当然地认为是自由的单元,人在运用理性和融入关系中践行着自由——这是实现善的途径。现代性别伦理学正是建基于这种自由,并深思人为了在理性和关系中维持自己所应当做的事情。并且为此,人需要提出可遵循的原则,以及通过这些原则而得出的一些目的(end)观念。于是,人能够使自己在困惑与暴力的人类事务世界中成为自由的一个中心,并能够批判所有不服从于理性的事物和阻碍充分平等关系的事物。这些变为各种形式的女性主义批判的兴趣所在,它们还将这一企划带入生活中的每一个领域。它们在这些兴趣中发现了对物质世界的一种揭示、对主体的一种肯定和对力量的一种假定——在这每一种发现中,现代人文主义的诞生都重复出现。于是,思考性别就变成了带着理性与关系的决心对身体的批判,这是一种不介入言说的真实主体的语言批判,由于其兼蓄性的失败,它又是一种行为主体的批判。女性与男性如何作为自由的中心而相遇,如何承认价值重估的物质与被肯定的主体以及每个人的假定权力都是指导现代性别伦理学的视野。

在后现代性中,这种批判既可能反对它自身——且我们已经探讨了这种反对发生的一些方式,又可能听到言说人之为人的新方式。毕竟,要求物质重估的批判思考回转到追问成为物质表现为什么,并因此重新考察使现代思考所受阻的物质观念。随之而来的可能性是思考性别化的身体是如何物质化的。这样,对肯定主体之阻碍的批判就转为质疑关于我自己的特定知识如何成为对我自己的表达,并因此重新思考现代性所嵌入的主体认识论。随之而来的可能性是以其他方式听到性别话语。因此,同样,对权力独占性缺陷的批判也转向富于权力将是怎样的这一现代假定,并因而质疑在这一时代上台的行为主体。随之而来的可能性是将性别思考为现代主体的表演,并因此有可能重新思考人类是以何种方式行动的。在这接下来的三章中,我们转向这种新的思考方式,去倾听在性别理论中被特别言说之物,并通过此处所呈现的一些开放性,得出可能对性别批判敏感的更新的神学伦理学。通过我们的思考已经开始感觉到一些震动——从身体物质到物质化的身体、从语言主体到主体的语言、从行为主体权力到权力的表演。仔细关注这些事情,我们可能就会发现开放性,这种开放性是识别何种方式可以成为当今人类的方式所必需的,以及识别人类认识上帝——我们正是在上帝之中终始于善——的方式所必需的。

在此,有三个领域在使我们的探讨深入到伦理学的基本方法上将会特别有趣。在本章,我们将考察性差异被认为是我们人性的最初形式的方式——这种最初形式使我们作为女性或男性而存在;并考察性差异试图在我们的身体和我们与他人的具体关系中实现自身的方式。我们是否能够构思出一种差异,在这种差异中存在着从二元支配的重复转变为开启一个我们充满信仰的未来,这样开启另一条我们会在其中忠诚于上帝的途径就变成了一个与性别伦理学有关的问题？在下一章,我们将考察主体被关于人、人性与神性的话语所充实的方式,及在其中主体的揭示是如何考量现代性中的人的。在此是否可能存在一种不再言说的服从的形式,但是它等待着被言说、被呼唤——我会在其中生活,而且性别伦理学会在其中转变为对人类使命的倾听？最后,我们将考察性别被指派为在现代性中体现人类的思考方式。在共同的人性中性别将我们凝聚在一起,我们的具体处境也系于此。是否存在思考形式的另一条途径——就像我询问上帝在我生活中的地位,且因此我仅在爱中变为我将是的人。这样,性别伦理学就完全在心灵与上帝这种最柔软的相遇中空无内容？或许正是在这些关于信望爱的方式中,另一种神学伦理学开始通过我们时代对性别的困惑性思考而被听到。

差异的表征

近年来对性别伦理学的一个有趣且通常是引人入胜的讨论集中于性欲望和性差异主题的共性上,就像它们在约翰·保罗二世(John Paul II)与露西·伊利格瑞的著作中所反映的那样。[2] 教皇所赞成的是在维持女性和男性的互补性差异中,恢复女性和男性的身体之爱,这与那位重要的女性主义理论家的相当幽默与启发性著作产生了共鸣——这种共鸣是评论和更仔细研究的原因。从他们两人的著作中出现了一种促进性差异的情形——我们的真实人性会在其中得到清晰呈现。他们二人都考虑到性爱在人类关系中呈现自身,这样在性快感中就会产生新的快乐——这种快乐像神圣的爱一样是生成性的、自给予的和生殖性的,因为正是女性与男性在真爱的真实差异中走到一起才使人类的共同本性得以实现。他们二人都认为性别的问题就是未能认识到差异,并因而随之发生的是只存在一种性。在此存在阻碍我们过完善的生活、阻碍我们的相互给予,以及阻碍我们超越人的爱而进入到神圣的爱的所有爱聚集的孤独。因此,对他们二人来说,伦理学的审慎实践就是试图返回到一种两个人——女性和男性——的原初共同体,这个共同体是我们人性的确立之处。伦理学的审慎实践并因此试图恢复我们之间所存在的差异,真正的性给予和性接受可在这种差异中找到。

约翰·保罗二世的一些关于爱的著作在 1997 年被收录成卷,名为《身体的神学:神圣计划中的人类之爱》(The Theology of the Body: Human Love in the Divine Plan)。[3] 书名暗示了身体物质的重要性,这如我们已经看到的,已经成为一种恢复伦理思考之自然法传统的中心。我们在此感兴趣的是罗马教皇对男性和女性原初和睦(original unity)的思考,这种思考包含于这一卷的第一短篇中,并且通过关注他的解释之要点,我们能够看到一种呈现性别差异的方式——性别差异在庆祝身体中发现自己的位置与意义。激发这种思考的特别道德问题是婚姻的永续性,如同它试图加深我们对耶稣这句话的理解:在婚姻中"二人应成为一体",指向"最初"的状态。[4] 正是这种"从最开始"将约翰·保罗二世带入一种延伸的口头教育——关于在《创世纪》中对创造男性和女性的两种解释,其中存在着我们为人之起源的神学。虽然对《创世纪1》的这种新解释"在其自身中隐藏着有力的形而上学内容"[5]——男性通过它被创造与估价,但在对《创世纪2》的较老解释中包含着对所记录的自我知识的一种更为主观的,甚至是心理的特征。[6] 这些形而上学维度与主观性维度对此处的教导都十分重要。

教皇在两种解释中所依赖的是"一个条件",他将之描述为"男性的最初孤独"——男性在此意指作为亚当、作为人类的男性。亚当在孤独中被创造,这种孤独不是一种"由女性的缺乏所造成的男性的男性"的条件,而是"来自男性的真正本性,即来自他的人性"。在这一孤独中,最初的男性变得对人类身体有自我意识和知觉,就像他在可见世界中所发现的"他是身体中的一个身体"[7],且当他"在区别于所有有生命存在(动物类)的过程中获得个人意识"[8],特别通过男性对它们的命名而得知。因此,同样,男性在这一孤独中发现人的真正定义——他的身份就表现于其中,因为在上帝的形象中被创造是一种"本体论结构",可在其中发现"他自己肉体性的意义"。[9]因此唯独人通过"肉体的同质性"(somatic homogeneity)知道他自己是创造物中的独特物种。并且在"肉体的同质性"中存在着作为上帝的形象(imago dei)的人性,它界定人类在其最初概念——被置于天堂与尘世之间的生物,只有他在其自身中带有造物主的标记,并知道自己与所有其他物种不同——中的条件。因此,人类身体承载着上帝对所有事物统治的意义——如同它是唯一的,并且它使人类不断地意识到自己的独特性。根据他在自然世界中的自我意识,以及他被上帝所界定并赋予的意义,原初的男性既主观地又客观地在孤独中被构想。

在教皇的思考中,这一原初的孤独在"居先"(goes before)的意义上妨碍了男性与女性原初和睦的出现——这种和睦随女性被创造而出现,并因此,孤独先于特别作为雄性的男性而出现。原初孤独的意义与实质都先于男女原初和睦所指之事,并成为它的一部分。这种孤独作为一种根本的、起初的物质被带入和睦,它被带入到即将到来的男性与女性的关系中,并继续仍作为这种关系中的重要起源。因此,这种"作为对孤独之边界的克服"的男性和女性的最初和睦之意义,在"最开始"就通过阳性与阴性而出现了[10],这样,男性就"不仅是统治世界的人的孤独所思考的形象,而且本质上是难以了解的人们之间神圣交流的形象"[11]。在和睦中创造差异变成了作为交流的神圣存在的更深入展开的边界与征兆的穿越。于是,这种"男性和女性的相互关系"(communio personarum)[12]的意义是男性与女性的和睦——性别差异在其中得到呈现。

这种性别的伦理学出现于一个人对另一个人的自我给予——没有羞愧与限制,而是以身体为媒介的两个人之间的纯洁交流。在他们的最初的和睦中,男性和女性"都是赤裸的和不害羞的"[13]——这一文本不是用于表达某些感情或自我意识的缺乏,而是用于"指出意识与经验的一种特殊完善",这种完善是通过"在其他人的帮助中恰当地恢复人们自己的人性"而被给予的。[14]在他们的自我给予中,男性和女性"都认识并表达了只对人—主体领域而言特殊和相关的现实"[15],这样,赤裸"意味着视野的所有单纯性与充实性——通过它作为男性和女性的'纯粹'人性价值、身体与性的'纯粹'价值都得到了显示"[16]。处于男性与女性之自我给予的所有经验根基的是上帝的基础与根本馈赠。上帝使所有事物从虚无中存在,并把亚当创造成能够接受世界为给予他的馈赠的人,以及能够使他自己变成给予世界的馈赠的人。[17]亚当能够在作为男性与女性原初和睦的他的原初孤独之实现中接受这种相互馈赠关系。因此,"阳性和阴性——即性——是人,男性—女性创造性的贡献与意识的最初标志,是以一种原初方式存在的馈赠的标志"[18]。于是,身体的神学意义就是"作为一种源自爱馈赠的创造物之神秘,与作为男性与女性的人存在之美化'原初'之间的深刻联系"[19]……这种作为阳性与阴性的身体之婚配意义是已经"'伦理地'条件化"了的,这样"它构成了人类风气的未来",就像男性和女性的相互关系、就像他们在主观性之完善中的相遇和相互给予[20]、就像"无私的相互馈赠"[21]。

维持这一性别伦理学的是男性和女性在他们相互之间的差异中,对自我理解的知识。女性知道自己最初是被上帝给予男性的,于是在她的所有自我给予中,"女性同时'重新发现她自己'"[22]。女性的自我理解是"通过在她人性的全部真理中,以及在她身体与性和女性味的全部事实中提供的她所是的人"而形成的,并且在这种提供中,"她所到达的内在深度是实现自己并充分拥有自己"。她将自己了解为一个礼物、一个被给予者,并在她自己的自我理解中重复扮演这种原初意义。这是在她的性与身体中所带有使性别为人所知的意义。这种女性被给予的神秘"在母亲身份中得到了揭示",否则这种神秘就仍会"隐藏"于她的身体中,并且她也在这种神秘中变成了"在她身体中被构想与发展的新人类生活的主体"[23]。认识到她的身体变成"新男性观念的场所"不是"通过身体与性消极地接受人的自我决定,仅仅因为它是一个知识问题"。[24]教皇认为,此处并不存在一个"自然的"精神,但存在着以特殊的方式认识自己、解释自己的义务,性别在这种认识与解释中成为原初给予的标志。男性将自己理解为"女性把自己委托给他的眼睛、他的良心、他的敏感性、他的心灵",且在这种委托中存在的是接收、接受馈赠的义务。他的自我理解是他有义务"保证同样的馈赠交换过程,以及对作为一件馈赠的给予和接受的相互解释"的义务,因为"人们真正的交流"是通过这种相互作用而产生的。[25]在这种对爱之经济的"保证"中存在着某种男性的差异,因为"男性接受女性,以及接受她的方式,可以说是变成了一个首次赠予(first donation)"[26]。反过来,男性也在对女性的回应中给予他自己,并在那个馈赠中证明"他男子气概的特殊本质,这种本质通过他的身体与性的实在而实现'自我占有'[27]的深度休眠"。他将要知道他的"隐藏于其中的男子气概意味着父亲身份"——通过这个身份而去除孤单的自我。因此,正是在差异中,维持"身体之生殖意义与婚姻意义"[28]这种原初的统一才得以实现。

在差异的这种表征中,有三条相互交织的主题——实体、物质与知识。作为不同的人主体和上帝形象的人类实质起源于孤独,而对这个起源的线索仍然只有在性差异中才能找到。这个实质的意义在跨越边界进入到差异的人们的交流中完成,而且它在此仍是一个肉体的基本实在——在这个肉体中的起源一再地重构为有差异的。在此基础上,教皇认为男性与女性作为不同的有性别的身体而被塑造,既使我们获得这一实质的起源——作为我们被创造的生命的基本意义,又使向一个肉体的回归成为必要——身体的救赎可在这个肉体中找到。因为在男性与女性之间的相互给予中是一个肉体的成形,在其中"原始的圣礼被构成"一个"在可见世界中有效传播隐藏于上帝中的不可见神秘"征兆——这是身体中的一个可见征兆,是在不可见的"真理与爱之经济——它们的源泉在上帝自身之中……"的"可见的男子气与女性味"。[29]既然身体物质允许我们分享神圣生命中的神秘性,它也会使拯救的回归成为必要。因为

"身体的救赎之路必须是重新获得这种尊严……"——在其中"存在着同时实现的人类身体的真实意义、它的个人意义和交流意义"[30]。要使身体以这种方式成形,就需要有关真理的知识。身体尊严的重获受到了被给予物的促进,受到了有待我们认识的事物的促进:"性不仅决定男性的肉体个性,而且同时限定他的个人身份与具体性。"[31]它还要求我们具备某种知识,这些知识"记录鲜活与真实的内容"。因为"源自身体与性的男性的生物决定性不再是某种消极的东西。它通达具有自我意识与自我决定的人的特殊水平与内容"[32]。这就是我们对这种认识应承担的责任——它是我们在得知真相后所做出的决定。在我们被塑造的身体中,隐藏着人类主体的充分完整性。

在伊利格瑞的著作中所提出的性别差异伦理学与此处所言说的内容有着许多显著的相似之处。同时,当她利用教皇的教理中所给定的实体、物质与知识时也与此处的言说有相似之处。我们已经讨论了伊利格瑞对语言主体所提出的挑战——这个主体被假定起源于前语言时代,并成为前语言时代的一种必需品,这种必需使得它能够继续在其言说中主宰这一主体的呈现。这可能就是人类的人主体(person-subject)在原初孤独中有一个创建时期的假定——那一时期能够继续在日常生活中保持现存的主体。对伊利格瑞而言,质疑这一起源是否已经不是男性自我存在主体性进入原动位置的一项投射的企划——这项企划由一种神圣给予的视野所保证,就是去扰乱它为女性的性差异而带来的规范意义。因此,她还问道:在差异中成形的身体是否并非建构于男性的自我理解。女性作为一个被给予者、男性作为一个接受者的模式是第一个完成的馈赠,这种馈赠不断地形成于他们之间的差异中。而且女性的自我给予在其中取决于她作为一个在由男性所保证的爱之经济中的被给予者的首要存在。在其中存在的不是一种差异,而是对他者的建构以补充自己。最后,对伊利格瑞来说,作为服从这种性别化身体版本的真理的知识,完全是对女性的剥夺。因为女性在她的身体对这种文本所造成的差异中是缺席的,并且在认知的真正可能性中也是缺席的,否则真正的差异就会在其中出现。因此,排斥女性知识的真理体系根本无法理解性差异。

伊利格瑞的未经认可的文本形式嘲弄差异表征中的男性印迹,从而为女性开启一条塑造她们自己差异的路径——在一个未表征于一个人及其他者的身份中,这就是男性所构想的典型的性差异话语。对呈现真正差异所必需的是女性的三项任务:触及她自己对作为女性而存在之最深刻意识的本质、在女性的性别化身体中发现女性味以及表达女性象征——在其中对神的不同认识都会随着女性而形成。对于第一项任务,伊利格瑞在她对性差异的表述中提出了对西方哲学传统的批判性阅读。男性中心的文化已经如此深刻地将女性隐藏于其文本之中,以致女性已变得适应她们的缺席,并因此已经失去了与她们自己的联络。现代思考肯定女性存在的方式之一是声称与在场的男性平等,要坚持女性与男性的同等价值,但伊利格瑞却认为这是一种将女性破坏为她自己的形式。因为平等遮蔽了他律——其他人的法律,在他律中女性能够选择或者成为男性或者成为男性的补充物——二者毫无不同。伊利格瑞的著作一直关注这些替代方案的困境,因此她自己对差异的陈述也既是对现有性别范畴的破坏,又是对"性差异中女性味的位置"的保护。[33]因此,在竭力主张女性建构与解构她们自己的身份、她们的本质中,伊利格瑞打算冒"本质主义之风险",[34]并用这种实用策略为女性重新描绘她们的差异开启一条路径,从而在文化中表现她们的差异。

伊利格瑞对女性形构学的强调暗示,使女性的差异形成的是她自己所的活的身体。而且这就是她的性别伦理学中的第二步。伊利格瑞不仅仅通过身体理解解剖学或物质的肉体,而且通过它理解被给予的物质与超越精神的结合——变成一个不可分割的精神与肉体的场所——对它来说,基督的具体形象是非常重要的。因为伊利格瑞将上帝生命的所有瞬间都理解为"一个身体事件"[35]、一个道成肉身,这不仅意味着那个化身通常必须是神学伦理学的核心,而且意味着那个女性可以在他的道成肉身中找到女性形构学的一些意义。对象征性身体的重新评价可能允许女性确定在女性身体中什么是重要的,特别是其内在性与自我亲密性[36],因为她的性差异就形成于其中。内在性的恢复所颠覆《创世纪》的解释是:她"以上帝为接生婆,从男性的躯体中诞生",因为这样的话"女性就没有经过怀孕"[37]。因此,在基督教传统中,"女性在男性出生之前包孕他,直到男性能够离开她而生活。这时,女性发现她自己被一种语言所包围"[38],这样一来,"概念就成了男性的特权"[39],而女性的身体则与之毫无关系。女性在内在性中所认识的包围是"在母亲与女儿之间、在女儿与母亲之间、在女性之间",这种包围"一定不能变为闭合的",但它变成"对相同之爱、在相同之中的爱……一种内在性的形式。它能在深渊的无底性中向他者开放而无需迷失自我或他者"。[40]可以在这里发现一种对她的真正生命给予,这意味着她的身体不单纯地是给予男性的。自我亲密也同样如此——伊利格瑞在《我们的嘴唇何时一起说话》一文中对它有所论述。自我亲密变为向女性性身体和她自己性快感的回归,它"不能被计划或者被控制",而且它被男性性的区分与对立面所驱逐。[41]从这种取代返回就是要肯定女性自己和其他女性的爱,在其中作为女儿的渴望允许她重新在女性的欲望中诞生。在这里,她能使自己表现得与众不同。

第三项任务是进行另一种言说,将上帝言说成女性所认识的神。男性的上帝一直是来自他自己性别化身体的投射,而且在男性的宗教中,女性被制造的"通过苦难与纯洁"[42]去占有一个赎罪的角色。正是在她已经被装配于男性的象征秩序并据"对称性之旧梦"[43]而被建构之后,她在婚姻爱情中与男性关系的圣典价值才达成一体。在此所重申的是一个基本的相同性,女性在这种相同性中疏远她们自己,因为她们"失去了上帝"并"强迫遵从与她们不相匹配的模范"。[44]因此,真正的差异是不可能的,除非女性是完全依照她们自己的上帝而形成的。在她们自己的上帝中,她们的性别向她们自己反映,并且在这个上帝的视野中,她们作为女性的存在的充分实现变得可能。对伊利格瑞来说,女性超越性的这种恢复特别强调女性变成神圣的重要性,以及她们就自己的身体构想上帝的重要性——她们的神圣化就在她们自己的身体中实现。同样在这里,内在性与自我亲密性作为认识上帝存在的方式而十分重要,它们"比起'灵魂'来,与上帝甚至更为亲密"。在与上帝的相互分享中,"她丧失了所有肉体边界的意义"并"在她的爱中转变成了他"[45]。这里所呈现的是女性的超越性。女性在这种超越性中表现为上帝形象,这种形象防止她在真正差异中走近男性,而之前是如此的,因为"它使两人相爱"[46]。

伊利格瑞所提出的性差异呈现出的也是实体、物质与知识三个主题。创立并作为一个女性存在基础的是一种本质的女性味,它不是被建构为孤独的,而是被建构为女性与上帝和与他人的最为亲密的团结。这就是女性在上帝形象中的存在。女性在上帝的形象中知道自己原初是被神的爱所包围的,而从上帝的形象中,女性被男性所设立的对立结构所撕裂。于是乎,她的差异之本质就仍对她隐藏,并使人际关系变得不明显。在女性被建构和诞生的爱中,以及在她自己性别化身体的形构学中,她的差异才开始形成,并且她也在这里发现了一条追溯神之起源的途径。因此,伊利格瑞从教皇对身体道成肉身的理解中读出了差异——这种差异是女性在二者结合发生之前必须返回的。她必须再次通过男性中心的文化镶嵌而被塑造——在二者于爱的创造性的结合中的真正婚约能够开始被认识之前。伊利格瑞把这种认识说成是女性对有关自己真理的了解,而且在那种意义上,在这里所实现的就是存在于她的具身化的性。防止这成为一种严格的本质主义的是她认识到这种对她自己的了解是女性的一项正在进行中的企划。在这种企划中并不存在一个新的本体论,而只存在拒斥定义或预言的一个思考与言说。在对现有知识体系以及女性声音的潜在多样性的破坏性影响中,女性不服从地打破二元区分,并使任何固定的二元区分变得不稳定。因此,她所知道之物是难以容纳在一个单一的、原初的真理语词中的。

冷 漠

当代性别理论所集中讨论的问题之一是性的差异。这一问题最初关切的是以性身体为基础的性别角色与性别价值之生物决定的可能性。性别与性的分离因此形成为对性别行为与思想之早期探讨的批评立场,并成为女性与男性相对位置转型的保证。性别于是代表了作为女性和男性之历史的与社会地可改变的特征,并因此要求在其当前处境中持续再评价与替换。随着性别理论的发展,对这种分离之含意展开了更为密切的研究。这既因为性别理论存在着对随现代人文主义而出现的分裂的更为全面的批判,又存在着对作为女性或男性、作为人类是怎样的问题的更为敏锐的关注。差异的呈现以及身体返回到性别是对这一现代思维方式之宽泛不满的一种表达。约翰·保罗二世和伊利格瑞都批评纯粹的平等语言,在其中相对差异无法被认识,因为其执行的抽象措施并未触及女性与男性关系的中心,这一语言远远超过他们的身份所能表达的。向身体的回归就是去寻找一条救赎关系的途径,在这种关系中二者之间的爱既会肯定每个人的差异,同时又会在他们之间显示神性。当差异在男性和女性之间形成时,就不只是它自身,它同时也是上帝。一种性别差异的伦理学接近于这种显现(epiphany),因为在这种性别差异伦理学中存在我们人性的起源——我们在这个起源被找到,并在世界上确立我们人的路径。因此,差异的呈现是这种原初形式的一种再呈现。它由父权制所遮蔽或者陷入客观化,但无疑是真实的、本质的。它需要被认识,并且使我的生命成为更深入的体现。

朱迪斯·巴特勒所做的卓越工作是开始关注它是什么这个问题。巴特勒对性别与性的使人难以捉摸的和引经据典的思考,表明向有差异的身体的回归可能不会保持它向我们承诺的救赎性存在。根植于起源中的差异试图在特殊的身体存在中实现自己。这是言说某些有关我们开始成为人的一种方式,它在某种程度上仍旧是我们实际上开始存在的一个障碍。它所呈示的基本形象与它在身体中带来的秩序阻止了它们所打算的人类的诞生,因此只能是发生于别处而非我之中的救赎之原因。巴特勒的任务就是澄清这种思维方式的明显矛盾与困境,且在澄清的过程中触及许多在一种神学伦理学中十分重要的基本哲学问题。就像人们经常以一种新的方式进行言说和写作,巴特勒的表达风格被批评为难以理解的和混乱的,并且许多初次阅读者会受不了这些阅读困难。[47]基于相同理由,她引起读者关注的转变与曲折在一些人看来也不值得如此费神。然而,正因为她要说的不是某些被承认的事情,而是在第一时间被认识的事情,又因为她是如此坚决地进行自我反思,所以她所使用的语词是表述性的,做它们所说之事,并使我们也进入到我们生活的表演之中。

我们已经简要地考察了巴特勒的著作中所出现的那些主题中的两个。它们出现于她对物质身体的言说和对变为性别的身份的批判中。巴特勒与后现代的其他思想家一道提出了这样一个问题:我们将物质理解为构成世界的前存在的物质的意义是什么。指出这是一个很重要的问题是对支持在大量性别思考中所呈现的差异的"经验论的基础主义"的一个挑战。有关的身体概念是将身体言说为表演、言说为在我的生命活动中颇为重要的物质呈现、言说为我的关怀在其中得到显示的身体形式的一种方式。此处是将身体从某种哲学所感兴趣的特定的形而上学中驱逐。巴特勒对主体的批判再次揭示出她对稳定身份的忧虑——这种稳定身份被假定是随着变为女性或男性而物质化。当她试图思考性别化身体的边界时"遗失了主体的踪迹"。这种遗失是意识到一直试图使她处在合适位置的约束与限制,这约束与限制使她服从它的规则——即使当它承诺了她的解放也是如此。[48]在此,它将有助于我们更充分地得出这些观念,从而证明性别差异所引发的混乱是如何以另一种方式将我们带至人性面前的,并将我们应如何为人的问题留给了我们——一种救赎的途径问题有待我们进行重新思考。特别地,我们能够看到巴特勒是如何研究支撑异性恋关系矩阵的欲望的;以及她是如何在差异体制中理解身体的形成的;还可以看到在对这些的认识中,未来是如何处于危险中的。

巴特勒考察性别的语境部分地由对欲望的叙述构成——这种叙述贯穿于现代人文主义,并且巴特勒一直以福柯和尼采所使用的方式对它进行置疑。尼采所关注的是权力意志,关注的是人类主体在现代的自然与政治中所出现的权力意志的高潮;而福柯则分析了维持人类之生命力的假定——当人被发明为研究的客体时,这两个人对巴特勒来说都意味着在这种现代人文主义中也存在着欲望。对尼采来说,在这欲望中所体现出的是对某种自我提升的坚持;而对福柯来说,这种欲望似乎是对支撑我们存在的自然权力的设定,它使我们存在。因此,在现代性中欲望已经是某种企划,是人类以这种方式存在的企划,且这种企划是来源于最需要用以维持这种存在的东西。巴特勒质疑这种欲望,因为这种欲望强调了男女差异之性的现代解释基础,也因为对它持续的关注如同对我们起源的逻辑与语词一般源源不断。要协调作为现代人文主义之特征的性差异就需要以这种欲望为基础。斯宾诺莎将"欲望"(conatus)一词表达为所有事物在其潜能的完善中实现自己的努力,并成为他们所是之物;而在拉康的分析看来,欲望的象征性法则使个人形成性别化的人。两性关系之间的需要正是产生于这种欲望,并且它使人们在这种生活秩序的权力中被塑造。巴特勒注意到,对性别的批判思考已经造成了性别与变成为欲望的性的分离。她所继续考察的是这种性别得以与性区分开来的自然性,因而她问道:一个被欲望所塑造的人究竟是怎样的?

这个问题穿过她对居关涉地位的身体的思考,她认为,是通过为表达这一欲望从而身体被给予的意义,身体作为不同的性别化而变得重要,作为男性与女性身体,建构于差异为欲望的进一步表达,它们从中形成。身体在它们被呈现为有意义中作为男性和女性而出现,且在这一过程中是一种秩序的形成,在其中一身身体物质化而一些没有,一些可被设想而另一些不能被设想,一些可被爱而另一些不能被爱。因此,成为被体现的是一种分配;是成为如某物的言说,身体物质化于其肉体性中,身体自身并不完全包含但它却以其出现的方式呈现的某物。恰巧形成于现代性的欲望的特殊模式是异性矩阵,身体在其中被提供场所以持续生产其根本动力,对相互有意义的男性身体与女性身体,且在它之外是被拒斥身体的堆积,它们为了差异而被拒绝物质化。这一其他位置,这一外在,这一"不能是"的位置,是这一象征法则之下抛弃的位置,且因此,如拉康所注意到的,"在人类与世界的关系中,有某种原初的、创始的和深刻的创伤"[49]。对巴特勒来说,思考身体是重新思考什么是被称为"真实的"或"自然的",且这些是被建构的概念以形成性差异的基础,并因此,它们跟随而非先于这一差异。通过这些思考,她提出我们认为是在先之物,在"阻碍"的意义上,阻止了在实际身体中所揭示的。因此,对我们而言,我们作为被体现者就是带有在先意义的标志,在其中及为着它,我们被造为存在。

以这种方式思考就是向未来开放我们自己。再次,现代人文主义强调未来为潜能实现之地,已经属于人类的权力与价值的表达之地,揭示为对人类自然之物,为人类在其中完全出现。于是,未来变成过去的事件。巴特勒批评自然女性主义伦理学中的这类思考,它试图将女性主义实践集中于不能减轻的女性身体的物质性,它现在远离其在男性中心思考中的降级位置重新得到评价。重估女性是保持权力以引起女性的对话,并在每位女性认同它之时,试图寻求这一不同起源的出现。被认同,被知晓为这一差异中的女性,是获得真实,随着这种本质主义,有"某种努力将一个朝向能指的未来的可能性排除"[50]。女性在这种差异之形而上学中仍寻求她与男性的平等地位,因为,在她对平等的所有批判中,这也是伊利格瑞的性差异伦理学所终结之处。[51]巴特勒正好看到在这种重估中是持续地服从于法则,它们确立一个分离的、独特的和真正不同的基础以寻求逃避这一法则。对差异的法则而言,它被设定乐于见到"先于和独立于其假定的分离的本体论,被法则之引用是其生产与表达的特别机制观念所违反"[52]。对我们而言,设想差异是将它的法律引入到我们的意中,因此将我们与其作为价值之最初源泉联系起来,并重新定位其鲜活表达于我们身体物质之中。巴特勒问,是否有思考并不是过去的重复之未来的另一种方式。她所满怀的希望是在持续的重新表述与叙述之中,现在重新表述与叙述将后现代中的事物特征化,在其中重新思考身体的可能性,不是作为过去的事情,而是作为趋向未来的事情而出现。因此,不像"任何真理体制之必要和基本的暴力",在此"任务是重新描绘这一必要的'外在'为未来的视野,在其中排外的暴力永远处于被克服的过程之中"[53]。在此,有冒为未来开放之伦理风险。

这完全危及伦理学成形的可能性,是表达于努斯鲍姆对巴特勒著作之批评中的忧虑。努斯鲍姆对亚里士多德本质主义的辩护——通过这种本质主义我们"能够形成善的概念,并批判地反思人们自己生活的计划"[54],同时是对她从"内行的、失败主义者"的后现代思想家那里听到的"反本质主义对话"的攻击。[55]她的伦理人文主义,卡希尔也试图用它修订的教皇对有关性差异教育的权威版本,都试图重新表示身体于一个更灵活和情境敏感的引用链条之中,但它却使已经是确立时刻的东西必然实现,且它,在被驱使为尽可能包容性中,将"兼容所有的差异标志"[56],使所有对它自身版本的异议变得驯服。加强这一人文主义的道德形而上学揭示了对保障未来的关切,这样人们就知道何时一个人是善的,并会在伦理思考与实践的产物出现时识别它们。巴特勒的思考听取了尼采所宣告的存在于这一形而上学中的虚无主义,如它将现代人文主义的忧虑主体投射进其自身潜能的视野之中,因此,对她而言,注意到同样存在于性别形而上学中的空无也有被破坏的风险,似乎使人处于无休止评价的纯粹混乱,或不管所有事情,因为更好的视野只会重复这一问题。

因此,巴特勒所做的工作处于哲学与神学思考上的一个关键点。在这一点上,性别问题开始出现,并开始思考当代伦理学中的物质、实体与知识问题。我认为,对这一点无须怀疑,虽然她很少引用海德格尔,但她却认真阅读了海德格尔对本体论的批判,从而在这些参照中发现了自己的神学,并因而发现了那种将事物的存在转变为事物的本质的伦理学。建构起性别之桥去承担它们之间的这些差异,并且经过这个性别之桥,性差异继续在我们之中得到表现。在教皇的著作中,有着最虔诚的思考:我们在信仰中,通过女性和男性的具体相遇而得到上帝的教导。于是,我们不再只是成为自己,而是通过这种给予和接受,参与上帝对我们的赋予,并将上帝的赋予体现在我们自身之中。我们的信念就要是知晓这一真理:信仰在真理之光中进入生活,并且在信仰中得到的是一种救赎。人们很难理解伊利格瑞所表述的差异,而这确实可能就是她所关注的对象。因为它是通过实施完全的自我意识来设定女性,使她们变为男性身边的神圣性存在。信仰在这里变成了对真理的有意模仿,并且它假装知道它献身于什么,又通过反讽抹去自己的存在,从而引起我们对它那些吸引人的语词的信任。这已经是一种后现代的信仰姿态,在其中真理之光放弃了自己的策略。巴特勒对这些替代途径的冷漠以另一种方式将我引向信仰问题。

因为她指出:"拉康的象征性法则可遭到尼采的上帝观念的批判:来自这种在先的理念力量的力量被剥夺、被扭曲。"[57]对性别互补的理解将差别的呈现说成是一种自然法与自然神,它们都表达了它们在其中所被设想的人类状态的贫困,并同时通过借由宣告我们精神生活的失败来恢复其自身。每当我们言说这种差异时,我们自己就会远离它,因此,即使是在女性主义者呼吁我们重估这种差异之中,克服主宰了女性们生活的价值等级,呈现一个不同的上帝——对他而言这些更高价值意谓更多,即便在这其中,也有着本体论差异的法则的一种重复,在其中性别差异被构建。正如尼采在他对罪恶的分析中理解的,这里是"拯救的呼喊"被听闻的地方,也是神学伦理学为生存空间而战以期成为一种信仰的地方。[58]因而,巴特勒问道:"……在什么程度上,法则的定义会生产出它寻求的失败,并且在法则和失败的近似物之间保持形而上学的距离,就像法则歧离的近似物无力改变法则自身?"[59]不管价值体系上升到女性主义者追求的高度,还是对性别价值认证的研究已在法则范围内建立起来,都无法逃离经济的螺旋式通货膨胀,因此,我们无法得到救赎。

在这里,神学伦理学是否能够得到重新说明,按照圣保罗的思维方式来解释生活的变化——这使得救赎成为可能,是什么标志着从肉体的生活转向追求精神的生活?因为,如果基督教性别伦理学要在此说些什么的话,那么它说的一定是有关信仰的可能性。我们就得放弃当前的生活方式,不再犹豫不决,并假定能应对召唤,召唤我们进入一个基督的中立形式——在基督那里既没有男性也没有女性,而这就是信仰所要进行的努力。在信仰的这种努力中所假定的是基督教中的人类形式,它无需被论证,我们可以在这种人类形式中实现我们的拯救——被性别拯救或者被性拯救,并使自己进入并不完美的那个自己的生活。但是,在这种人类形式中,我得到最为彻底的解放,从而成为了上帝中的我自己。人类的奇怪多面性以及神圣感,让我们有可能实现肉体的具体化。我听到一个词是为了描述我的真实,这个词来自我自身,因此,它让我不要重复先前的模式,但在未来按自己的信仰来重塑自己。这让我变得神圣,因为在这里,上帝是鲜活的。信仰的呼唤是某种与生活相关的诉说,一种表演、一种来自未来的生活召唤。因此,借助规定,普遍化的分离过程便没有终点,我们文明的实质被打破,完美的身份表征要求也被置之脑后。在这些行动中、在这些言说中,未来的图景被信仰所描绘出来,它们在上帝的中立到来中,并被我们所获悉。

注　释

[1] Michel Foucault: "What is Enlightenment", trans. Catherine Porter, Paul Rabinow, ed.: *The Foucault Reader*, Harmondsworth: Penguin, 1987, pp. 47-48.

[2] 参见蒂娜·比蒂(Tina Beattie)对此主题的许多篇幅,最近的 "Carnal Love and Spiritual Imagination: Can Luce Irigaray and John Paul II Come Together?", 见 John Davies and Gerard Loughlin, eds.: *Sex These Days: Essays on Theology*, Sexuality

and Society, Sheffield: Sheffield Academics Press, 1997, pp. 160-183. 还可参见 Fergus Kert, OP: "Discipleship of Equals or Nuptial Mystery?", 载 *New Blackfriars* 75:884, July-August 1994, pp. 347-348. 及在他的 *Immortal Longings: Versions of Transcending Humanity* (London: SPCK, 1997)中关于伊利格瑞的章节。

[3] John Paul II, *The Theology of the Body: Human Love in the Divine Plan*, Boston: Pauline Books and Media, 1997. 该卷包括最初发表于以下四本单行本中的内容: *Original Unity of Man and Woman*, *Blessed are the Pure of Heart*, *The Theology of Marriage and Celibacy*, 以及 *Reflections on Humanae Vitae*.

[4] 《马太福音》(Matthew), 19:4。

[5] JPII, *Original*, p. 29. 参见《创世纪》(Genesis)1:27:"上帝就照着自己的形像造人,乃是照着他的形像造男造女。"

[6] *Ibid.*, p. 30.

[7] *Ibid.*, p. 38.

[8] *Ibid.*, p. 45.

[9] *Ibid.*, p. 39.

[10] *Ibid.*, p. 45.

[11] *Ibid.*, p. 46.

[12] *Ibid.*, p. 56.

[13] *Ibid.*, p. 55.

[14] *Ibid.*

[15] *Ibid.*, p. 56.

[16] *Ibid.*, p. 57.

[17] *Ibid.*, p. 59.

[18] *Ibid.*, p. 62.

[19] *Ibid.*, p. 61.

[20] *Ibid.*, pp. 73-74.

[21] *Ibid.*, p. 84.

[22] JPII, *Original*, p. 71.

[23] *Ibid.*, p. 81.

[24] JPII, *Original*, p. 80.

[25] *Ibid.*, p. 71.

[26] *Ibid.*

[27] *Ibid.*, p. 72.

[28] *Ibid.*, p. 85.

[29] *Ibid.*, p. 76.

[30] *Ibid.*, p. 89.

[31] *Ibid.*, p. 79.

[32] *Ibid.*, pp. 81-82.

[33] Luce Irigaray, *This Sex which is not One*, trans. C. Porter with C. Burke, Ithaca, NY: Cornell University Press, 1985, p. 159.

[34] Diana Fuss, *Essentially Speaking: Feminism, Nature and Difference*, London: Routledge, 1989, p. 70. 还可参见 Elizabeth Grosz, *Sexual Subversions: Three French Feminists*, Sydney: Allen & Unwin, 1989, p. 113.

[35] Luce Irigaray: "Equal to Whom?", 载 *Difference: A Journal of Feminist Cultural Studies*, 1:2, p. 65.

[36] Luce Irigaray, *An Ethics of Sexual Difference*, trans. Carolyn Burke and Gillian C. Gill, London: The Athlone Press, 1984, p. 68.

[37] Irigaray, *Ethics*, p. 93.

[38] *Ibid.*, p. 94.

[39] *Ibid.*, p. 92.

[40] *Ibid.*, p. 69.

[41] Irigaray: "When Our Lips Speak Together", trans. C. Burke, 见 *Sex*, p. 212.

[42] Luce Irigaray, *Sexes and Genealogies*, trans. Gillian C. Gill, New York: Columbia University Press, 1987, p. 66. 比较 Margaret Whitford, *Luce Irigaray: Philosophy in the Feminine*, London: Routledge, 1991, pp. 145-146.

[43] Luce Irigaray, *Speculum of the Other Woman*, trans. Gillian C. Gill, Ithaca, NY: Cornell University Press, 1974, 第1部分。

[44] Irigaray, *Sexes*, p. 64.

〔45〕 Irigaray, *Sexes*, p. 201.

〔46〕 *Ibid.*, p. 71.

〔47〕 参见 Martha C. Nussbaum: "The Professor of Parody: The Hip Defeatism of Judith Butler", 载 *The New Republic*, February 22, 1999, pp. 37-45.

〔48〕 Judith Butler, *Bodies That Matter: On the Discursive Limits of "Sex"*, London: Routledge, 1993, p. iv.

〔49〕 Butler, *Bodies*, p. 72.

〔50〕 *Ibid.*, p. 219.

〔51〕 参见, 例如, Luce Irigaray, *je, tu, nous: Toward a Culture of Difference*, trans. Alison Martin, London: Routledge, 1993; *Thinking the Difference: For a Peaceful Revolution*, trans. Karin Montin, London: The Athlone Press, 1994.

〔52〕 Butler, *Bodies*, p. 15.

〔53〕 *Ibid.*, p. 53.

〔54〕 Martha C. Nussbaum, *Sex and Social Justice*, Oxford: Oxford University Press, 1999, p. 41.

〔55〕 Nussbaum: "Aristotelian", 特别参见第 202—205 页。

〔56〕 Butler, *Bodies*, p. 52.

〔57〕 *Ibid.*, p. 14.

〔58〕 Friedrich Nietzsche, *The Genealogy of Morals*, trans. Francis Golffing, Garden City, NY: Doubleday Anchor, 1956, p. 278.

〔59〕 Butler, *Bodies*, 脚注 13〔原文如此〕, p. 247.

第 9 章　在希望中服从

⏩

　　对差异的构想把我们带入到了疑问之中,这疑问在今日对性的思考中显露出自身。在上一章,我们开始洞悉到存在论的问题之所以困扰伦理学正因为它为自己的实践寻找一个可靠的基础。这个存在论即存在的逻辑的其中表现之一是一种呈现出双重性的人类学:男性和女性在他们的存在中被不同的理解为一份彼此爱的礼物——这份爱在呈现出对上帝的爱的同时超越了他们关系的界限。这种在爱里一起存在的神秘正在于圣礼的在场,存在之源正是于此在场中蕴含于事物之中被我们所知晓。事物好像依次向我们揭示这种正在到来的和最终的归于上帝。在不止一个的存在论中提出来一种完全不同的存在逻辑,它想要打破存在的范畴,因为它促使女性以多样的差异性存在着。有一种思考为性别差异伦理学提供了基础。这种理论认为男性和女性不需要对原初的存在形式做如此多的回顾,人们在这种回顾中想象地设计了一副他们关于性的存在的所有措辞都能被表达出来的幻景。这两种表达都通过我们对存在论的阅读被当作一种试图填充上帝空位的企图而被质疑。现代思想不可避免地将它的历史带入我们目前的思维与言说方式之中,而且我们无处逃避它的影响。伴随着这一思想,出现了从神圣中独立出来的宣告,在其中现代主体首次出现。他们要求归还领土和重新获得失去的产权以试图实现一种补偿。这种补偿是通过一种特别的思想而达到的,在这种思想中问题开始变得明白、显然。一种不以存在论、不以存在的逻辑而是以和存在有关的问题来陈述的性别思想可能才是那确实会使救赎在信仰中实现的思想。

于是,我们被引入这样一个问题:谁关心这个思想?谁关心这个通往上帝即将降临的开放未来的信念?如果一个人不是一开始就被造为女性或男性,以及如果一个人不能够在假想的努力中同自己和解,那么我是谁,谁是那个关涉的人?如果性别伦理学的本体论基础已经被认为与人们无关,如果它已经被认为在现代消失以至于它的恢复不再可能,那么自我和我将成为的那个主体又将怎样呢?这个主体问题最近重新得到了后现代主义的考虑,且如我们已经讨论的,其优先性的假定已经被破坏了。它可能并不先于其自己的言说而毋宁是那个被言说者,并发现它自己的言说没有权威。正如巴特勒所说的那样[1],它可能并没有开始自己的行动但却是行动的产物。这些思想当今困扰着主体。在他们的思想中,与我们更接近的是对现代人与生俱来的不确定的意识,以及对企图用它来为自己构成一个可靠的存在结构的意识。女性主义者与性别理论已经在它的著作中揭示了这一主体。现在他们发现自己被它的消亡所牵连。对于这些理论最初寻求同个人的可信的同一性之间和解的希望来说,或对于再评价一个即将到来的更真实的自我的希望来说,或对于重建一个更仁慈的对文化的适应的希望来说,这一希望已经将自身掷入了疑问之中。因此,伴随着主体而来的乃是希望的问题和确信的问题,所以我们在这一章中考虑这一主体在希望中究竟如何,以及今天的人类在起来迎接召唤的希望中究竟如何。

充满希望的主体

在《自我的根源》一书中,查尔斯·泰勒(Charles Taylor)回溯了他所称的"现代身份"[2]并且分析了它的一些主要维度。汇集在"身份"这个词语中的是"成为一个行为主体、一个人或一个自我应该是怎样的"观念,他试图论证的这些观念与"善"或道德"解不开地缠绕在一起"。道德情感与反应是对一些做一个人应该是怎样的理解的肯定,因此他们同意"人类被给予的本体论"[3]。这一"背景图片"形成了"我们道德回应的唯一恰当基础,不管我们是否认识到这一点"。[4]在这本书里,他关注的一部分在于考察现代思想中的这一道德本体论的形式,所以他注意到在现代西方思想中,权利、"主体的权利"这些概念的特别出现。正是有了"主体的权利"这一概念,"主体的位置"才开始被清晰的表述,并且对自主、苦难与生活幸福的现代关注才能被表达出来。在这些自我的现代观念中,人类生活的意义在我们这个时代被苦苦探寻,与此同时,我们也经历了由存在的一个有意义的状态这一概念所带来的"清醒"。[5]今天,我们都认识到本体论受到了广泛的质疑,我们也都感觉到了意义缺失的威胁,并发现我们自己都在"寻求"着赋予人类生活以意义。而查尔斯·泰勒也试图为此问题提供"可靠的框架"[6]。这一框架将提供到达我们思想最深远的范围,有了这一范围,道德行为将会得到指引;不仅如此,这一框架还将提供整体的背景,我们将在其中找到我们的位置,并且实施我们日常生活的事务。这一框架允许我们站在人类的角度去识别我们是谁,而不是一个特殊的立场。泰勒说,若无一些有意义的整体框架,就没有人能够作为人类而生活,所以人类的身份与定位、方向密切相关,与占据涉及重要问题的地方密切相关。

对这种现代主体的关于性别的表述的思考,点亮了以下这个问题:主体是作为一个单独的以自我为中心的个人存在还是作为一个与他人有关涉的个体存在呢?总体来说,女性主义者在这方面批评了西方思想对于主体的以自我为中心存在的主张,这种主张只不过证明了那种以为个人自由是无约束的政治的正当性,这种主张表达了男性从所有世俗的、自然的、女性化中独立出来的探求,却将道德上的不成熟和宗教上的不充分留给作为主体的女性。现代政治学强调个体在理性原则基础之上做决定的权利,并因此以自由为中心,围绕着这个信念进行着建构。正是在这作为中心的自由中,我们每个人才能持有并保护精神的独立和选择。需要特别强调的是,许多女性主义者发现了一种不被关系所束缚的欲望——这些关系会阻止心灵对世界的自由探索与开拓。因为女性的生活是与男性试图逃避的那些因素相联系的,相应地,在某种意义上与女性相联系的那些生活层面都是被贬低的。女性主义作家在最近几十年试图提出一种替代性的对自我的理解,这种自我理解开始于在关系中存在的假设,并且它关注关系网——只有在这种关系网的背景下,富有意义的个人生活才可以被发现。[7]将我自己理解为是由关系构成的就是认识到我的存在的社会性。只有在同一种文化中一起生活并进行言说的人们之间,以及只有通过所有编织进我的生活中的那些东西,我的生活才能得到塑造。这一观点认为,我们越少考虑一个自我与另一个自我之间的划分,就会对培育了我们的良好关系给予更多的尊重。只有在良好的关系中,个人才可能欣欣向荣,我们也才可能有公正地关注这样一种不同声音的愿望——女性们发表着她们的道德关切与洞见。

　　对自我的关系理解已经得到了许多女性主义思想家的发展。他们在自我的关系理解中不仅发现了对现代伦理学的挑战,而且更进一步地是对给予这些假定以支持的基督教神学所宣扬的神的存在的巨大挑战。例如在达芙妮·汉普森的著作《基督教之后》(*After Christianity*)一书中,个人主体是由天堂中的上帝所维持的。这个上帝"是自足的、独一无二的、在任何方面都不受限制的,且不需要考虑'他自己'之外是什么"。这个主体被揭示为一个偶像,一个自我完善的男性存在者的投射模型。对汉普森来说,超越的一神论是一个"有助于巩固性别化的现实概念"[8],甚至是在神圣的人们之间其三位一体的关系表述中,这表达了男性对相互性和相互存在的焦虑。[9]在这样一个框架之内,女性被摆到了"他者"的位置上,而对女性所珍视的对相互关系的精神上的丰富理解,只不过变成了"一面让男性从中看到自己本性的镜子"[10]。如今的女性正越来越"看清她们自己,并以他们自己的方式被接受为一个主体"[11],女性主义伦理学为女性们提供了与之匹配的生活方式、价值观和自我设想方式。[12]在这里有一种"不同的概念空间,人们可以从这个空间看到"[13]自我中心性的形成方式。这种空间没有"严格的自我边界",但却需要有某种"完整性与行为主体"从而"通过与其他人的较深刻接触发现自己"[14]。只有在一种新的伦理学与精神中,相互接触与关系才可能为自我理解提供框架,女性和男性才会把人类的存在放置于"他们世界的中心位置"[15],并实现他们的充分人性,就像将它仅仅视为"在我们这个世界的光荣和奇迹中到来的人与人之间的关系"[16]。汉普森的希望是将基督教文化中伤害女性之自我理解的历史放在一边,依靠重新将上帝概念化为"全体的维度"[17]——在这种全体性中,上帝、我们自己与世界的相互关联性变成既是可构像的又是有疗效的。

汉普森对启蒙的接受"转向了主体"。在主体中"人类的主体性获得了基础性的地位",正如我们对上帝的知识的基础一样。但这却明确地挑战了凯文·范浩沙(Kevin Vanhoozer)对"人类:个人的与社会的"的描述。他在这种描述中提出了一种源于神学的人类学。范浩沙认为,伴随着现代思想而出现的主体的权威版本,被理解为经常处于丧失人类独特性的危险之中,即使当它确立了自身的自主性条件也是如此。所以,他建议做一种返回,返回到"人类故事的意义……如它处于上帝之前,与它共在,和由它产生。"[18]神学主张的框架在于保护主体,这一框架涉及人类生活的起源与目的,它建立起我们为人之预示与命令的维度,因为"我们根据我们之所是来判断我们应该做什么"[19]。我们正是那种被称为"由上帝所唤起的创造性的回音、和解,以及救赎行为"[20]。我们正是那种被创造物,无论何时,只要我们走出自我,进入与他人的对话性关系中,我们就扮演着那个角色。[21]在这里存在着一种双重移动。在我们的起源中,"与神的国度里的上帝相应的正是人的精神内在状态里的个体性"[22],所以出现了"不能削减的本体论实在",它是"不能根据任何其他的方式来定义的人"。[23]在我们的目的中,我们作为个人,作为"有能力发起以及回应交流的行动者"[24]而联系起来,正因如此,我们之间建立起的关系见证了"上帝与我们的联系"[25]。通过他的自我交谈行为,我们才得以形成,并且我们的生活是为了他的荣耀。所以,我们的使命就是从事"忠实的演讲",并界定为"与自己话语的宗教关系"。这样"基督教的存在就是言说者与他自己话语关系的问题"[26]。据此,范浩沙似乎想通过这些指出:我们就意味着我们所说之物,并且在这种真实性中,我们真实的人性显而易见,正如它超越自己并指向其在上帝生活中的超越性基础。

将这一切解释置于汉普森的解释旁边引出了主体之间的区分。就像人们走出他们自己而与他人相联系,或者就像那些把与他人的关系作为他们发现自己的中心。此这里,也有一些共同的因素成为了出现于现代思想中的主体之道德本体论的特征。在这两种对主体的描述中,都存在着独立的中心化自我(centred-self)与关系中的自我(self-in-relation)之间的紧张,它们被引向一个方向或另一个方向,这所揭示出的与其说是他们的对立性,不如说是他们之间的相互依赖性。范浩沙的在自己疆界内的统领精神通过那走出自身进入人际关系的自我交流的行动中而为人所熟知[27],然而汉普森把关系的自我认定是一个有"不同细微差别的"自主概念,或许就像"相互独立的自主"[28]——在其中,它仍赋予言说"进入自己"以意义。他们每一个都有一种不同的运动模式,但是他们的差异都以两个极端被把握着。对每一种解释来说,这一对主体的描绘变成了对真理的需要的基础,所以一些忠诚于我们被给予的起源与命运形式对人类而言是本质性的。因此,对自己诚实是一项超越了其特殊的生活与环境的标志。因为这证实了它所坚守的真理,就好像真理依次降临并寓居于自我之中一样。这种相互的确认说是范浩沙所说的契约关系,以及汉普森所坚持的存在矩阵。在这些陈述中似乎包含着相同的判断逻辑。最终,在两种解释中都存在着一种主体的意义:在这个主体中,救赎的可能性为人所知。而获得这种可能性也就变成了宗教伦理学为这个世界所拥有的任务。人类以某种方式被给予,为的是产生一种创造性的康复,一种人与人之间的和解、世界与神之间的和解,拯救的希望就在这些和解中得到表达。在对真理的忠诚中进行这种治疗正是充满希望的主体的工作。

通过这些解释对性别进行的思考,将我们带到了平等以及差异的问题面前,因为这些现代伦理关切为我们批判性地反思主体之本体论提供了方法与语言。它们再次向我们呈现出一本质或二本质的神学人类学的困境。是否存在一种普遍的人类概念,能将男性与女性这两类不同的主体都建基于它之上,并能将男性与女性的个体生命意义概念化?人类是否被给予了两种不同的解释,女性和男性分别被清晰地构想与确认为性别化的人类学,并因此使他们分别在属于他们自己的性别化人类学中去生活与思考?由于这些问题,更进一步的东西引起了我们的关注。如果前一个共同的框架被找到,那么谁是判断平等问题的主体——这个主体要确保在所有人中正当的分配各种要素、物品和价值,使这些人在这里得到公平地体现?如果所给出的是后一个分离的解释,那么谁是能够读懂这二者的主体——且在这种解读中构想与评价出现在它们之间的差异问题?在这些自我反思中出现的模式吸引我们意识到这样一些途径,它们为我们关于主体的观念提供基础与支撑。在这个基础上,我们可以明确地表达希望。确保那即将降临到我们之间的事情是良善的和有治疗作用的、诚实的与真实的。一个性别化的主体的伦理学的确定将会使我们保持在拯救的正确路途上。

这些论点也许会在我们分析一种神学的企图时得到证明,并以一种较少涉及性别特殊性的方式言说关系中的主体,从而保持与传统基督教神学所宣扬的东西之间的联系。在阿拉斯泰尔·麦克法蒂耶(Alistair Mcfadyen)的《对人格的召唤》(*The Call to Personhood*)一书中,对根据上帝的形象所创造的人格有一种解释,它寻求"对做人之现实性行使公正的最恰当方式"[29]。这一解释的两个特征引起了我们此处讨论的兴趣。第一个是麦克法蒂耶的论点,他认为一个人并不是以坚固的自我为核心而被构成的,而是通过与他人的"对话与辩证的交互作用"而被中心化的。[30]对人格来说存在一个内在的合理性,"它使思考我们拥有已被限定的'中心'或'基础'成为可能"[31]。因此，人格涉及到人在形成自己人格时的关系过程。对人的社会构成的理解将带领我们去发现处于一个"物质与社会世界中的独特时空立场"。[32]个人的身份、观点与经验正是从这一立场出发而通过自我理解成为中心的。因此，麦克法蒂耶指出，"没有实质的个人中心，但……通过一种关于自我的信念或理论能够使自我成为中心。否则，构成了一个道德建构的世界的责任网中的个人生活就是不可能的。"[33]这一中心化的实现正是交流所要实现的企划，它也揭示出人类的起源也存在于人类的神圣共同体的关系想象中。这里有三个要素编织在一起：一个"需要与其他人构成共同体"的存在的"自然状态"；一种"结构上的开放性"——它作为"向上帝开放的一个社会折射"建立于我们的人性之中[34]；以及一种想要参与关系和进行辩证的相互理解的道德上的要求——我们在其中被上帝的形象所教导和改变。这一形象位于我们自身之上，它既不是作为静态的理想，也不是作为我们可能"具有的"某一内在性质，而是作为一种我们与他人的关系可以从中得到指导的关系的性质。[35]

　　为了以批评的态度把我们的个人生活作为这个矩阵的枢纽解释清楚，特别是在性别给关系带来了差异这个问题上说清楚，麦克法蒂耶提出的建议是："将男性—女性关系作为[上帝的]形象之中的人类生活的结构性范例。"[36]这种关系成为了神与人类之间有意义的媒介。我们能够在这种关系中读到并理解上帝的理想形象与我们生活的特殊环境。在一方面，"神的形象体现了一种理想的关系法典。这种作为理想化典型的关系，是普遍性的与社会抽象化的"。而在另一方面，上帝也正是通过这种形象在具体的情境下向我们传递我们特定关系的体现形式。因而，这一范例即为人际关联性的形式，我们特定地理位置的社会关联性内容亦在这种关系中得到理解。因此，性别差异不仅是"身体上的性征"、"特殊的性器官"，或者是"肉体上的性结合的形式"，所有这些都与"特殊的媒介或内容"有关。确实，它凸显了一种"全体人之间相互定位的对话模式"。[37]然而,上帝的形象并不能等同于人类作为男性和女性的存在形式,也不能等同于这种形象所传递给我们的理解方式。对于"它所包含的对话遭遇中的区别与关系结构"[38]来说,男女关联性是极其重要的。通过这种异性恋的基体,我们将得以了解具有差异一致性的中心自我是什么,了解一方与另一方进行公开及真诚的交流是何种状况。因此,这一范例的重要性不是在于它在性别或是对性的定义中,因为,麦克法蒂耶说,它并不生产这些,而是在于它对"相互之间差异的倾向性"[39]的暗示之中,在于真诚的交流及"恰当的相互理解之中"[40]。因此,正是作为位于中心的关系存在的个人的构成需要通过男女相关性的媒介对一个人的自我作出详细正确的解释,而这也是对拯救性关系的希望之基础。

这一部分的研究所揭示的是在现代性中出现的存在逻辑限制之中的,满怀希望的主体遭遇的思维的张力。因为,贯穿于这些解释中的问题是,这些主体所承载的空虚感是否可以通过言说,或者通过完整性来弥补——在这种完整性中,主体得以产生,并进行自我理解。只有我能够相信那是真的。这一主体的工作就是要将自身解释为一种想象,如汉普森可能会希望描述的那样,作为一个存在于起点上的将变成一个充分的人的想象或理想。这三种解释将起点描述成在一些方面是相关的,这样人类生活的本体论基础,以及为了它的完善而被给定的意义的视野就出现了,或由在不同的位置下的具体的人对自己正确理解时加以应用。每一种解释都暗示这一开端是一种神的交流,它在人类的基础中言说自己。这样我们就成了它的语词——且无论那一语词是否来自天空,来自于一个被创造物所表征的自我空虚的相异个体,或者来自于已经完全倾注其中的关系的精神,对于这个主题都没有任何的区别。这就是性别在神学及伦理学中已经明示的划分,超越自身,指向其意义的源头。所以,作为男女和作为女性,我们要重复它在我们日常生活中所说的那样,始终如一地实话实说。在这一点上有没有希望?这是否仍然标识着现代性空洞的自我的——希望它所付出的重觅失落的视野的努力将导致这一后果,希望它为了形式起见对关系形式的忠诚将影响到我们之间的良好关系?对性别的思考将把我们带进这些关于我将成为谁,未来是何种方式的疑问与诘难中。

对上帝之子的揭示

在提供关于我将是谁这一问题的答案中,此处所考虑的问题企图描述我所是的人之本质,并在这一描述中找到隐含的存在的真理,而这一真理正是建构及支撑我的存在的基础。在这一本体论中,有一个意义框架需要加以洞悉,它使我的生活真实性依附于它,并向我作出承诺,要对我自己、他人和上帝间的关系实现自我完善。这些说明的特征就在于正确理解解释的重要性,通过正确的理解,我认识到自己是一个存在于矩阵中被支撑的主体,同时在余下的神召中,我所是的那个人得到揭示。我们已经考察了后现代性中,一些对呈现主体的解读方式受到动摇,并受到了从根源上动摇主体语言的反人本主义思潮的挑战。西季威克(Sedgwick)对密室认识论的研究表明:在后现代中"矛盾的束缚已经主宰了主体的所有思想",对个人的形式将如何做出了定义并随即隐藏了所有不适宜和证明为与这种描述不相适宜的内容。她关于"性别定义的僵局"在这个"领域"内亦同样存在的主张,为我们质疑关于性别主体是否还有更加深刻的话题可以言说开辟了一条道路,因而也为我们思量另外一条希望之路而开辟了路径。[41]

当然,这一僵局被认为是贯穿了以上所考察的神学人类学。因为要使主体的综合性描述产生例外,就必须进入到一个表征与反表征的循环,二者不能进入到一个相互发端的和谐共同体中。这一和解的负担要么落到了女性的身上,因为她们被视为理解这一合理性信息,且她们的生命将承受对于他人的关系的重任,或者这一担子依靠我们每一个人,拿起一些日益抽象的人文主义观念,将其中的内容倾倒出去,这样仅靠关联性的形式就可以推动我们前进。西季威克所谓的"少数化分类学"在此可以应用于我们的尝试,来代表我们的个人身份[42],那样人类学历史就可以将其政见带进我们关于人类是什么的思考中去。每一种对即将成为关于人类最概括、最可能的描述的尝试都将面临那些少数人的挑战,因为那些少数人的生命既得不到解释,也不能被评价,而且危险性也在增加。因此,如同西季威克在关于同性恋之可能性的研究中所指出的,在"明显多变的、破碎的、危险的表达关系中",一种文化被吸收,并且它的"恐慌"威胁到整个代表人类的现代性事业。政治在此被揭示为一种控制性的殚精竭虑,似乎一些人知道上帝所想,并能够用语言明确表达和清晰阐述其轮廓。在这种可见的描述及言说中,一种暴行出现了在我们即使是最高尚的努力当中。无论谁想要缓解这些冲突以便达到更高角度言论的人都将被不断出现的凌乱的打击而失败,而不得不采用全面涉及的道德教化方式对其加以约束。

西季威克采取了一种阐释"未澄清的假定",作为一种转向人类经验的方式,它们是如此明显,我们不需要大声地言说出来。[43]对我们每一个人来说,不证自明的是人与人之间差异性的复杂性,以及我们所拥有的感知这些关于我们自身及相互间差异性的工具。个体生活画面的高度细微的差别不仅在不断地使得我们试图根据这样那样的计划来区分该画面的不同维度变得不可能,而且不管我们做出什么别的思考上的努力,也只不过是在通过它的"可能性、危险性和刺激性"[44]为丰富而变化多端的"人类关系图景"添砖加瓦。那么,她的问题是"某种分类是如何运作的,它们所执行的是何种规则,以及它们所创造的是什么关系,而不是它们本质上意味着什么"[45],在这个意义上,对于人来说,成为他们自身的一个开端。于是,问题就变成了:在我们的文化中执行的是何种法则;以及在我们之间,通过已经成为专注于意义并成为个人及文化生活中的标记的性别建立了什么联系。问题已经变为:

　　……更详细地、更充分地和更严格二分男性与女性身份和行为的生产和再生产——生产男性的人与女性的人。在一个文化体系中,"男性/女性"作为主要的,以及或许是典型二元主义的功能影响着许多的结构与意义,影响着许多其他二元主义,它们与染色体之性的明显联系会经常变得贫乏或者根本不存在。[46]

批判地关注性别所拥有的意义——作为个人与文化生活中的标记,以及在阅读我们的历史或文本中被给予的解释性权力,能够再次允许我们道出这种明显的区别。西季威克指出,在性别分析中一种不可避免的以及"对异性恋或异性恋者假定的破坏性偏见"[47]可能会抑制我们对不适宜的运作、不同的结构、人类相互之间体现的复杂交错的关注,而这种复杂性势必引起无以衡量的"不同的压制之斧",或被严密推理证实和理解[48],或者事实上通过把其视为"唯一的"文化而被消解掉。[49]因此,对性别主体的专注可能不能够将我们从特别的压制中解放出来,因为这些压制的计划令我们不断尝试,却又将我们重置到它的理解框架中。

我们已经注意到了巴特勒对性别范畴的批判,这种性别范畴被视为一种原初的身份,而这种身份又是文化分配的结果。她系统的批判是作为"对寻找性别的起源、女性欲望的内在原理,以及压抑所阻止的真实或真正的性别身份"[50]的拒绝,而不仅是简单地动摇这些范畴——虽然有时确实发生了,但是最终还是对主体产生了影响。因为,这些关于何为男性与何为女性的公式化表达的基础,是假定的最初主体,而巴特勒则对揭示作为权力结果的主体生产颇感兴趣,且对分析服从形式中的主体的再生产也感兴趣。她指出:"实际上,法律产生并因之隐藏了'一个法律面前的主体'的概念,以便作为那最终将法律自身的统治霸权合法化的自然基本前提来激发那话语形式。"[51]巴特勒的挑战不仅是对于那些将所有女性或所有男性的本质进行假定的自然主义形式,还有那些"性别化之前的'人'(超越其具体性别的特殊器官的人)"观念。[52]这些都是对"裁断权"的操纵,它"不可避免地'产生'其仅仅声称要表征之物"[53],并且在对这些操纵的揭示中,巴特勒意识到,一种性别伦理学也受到了破坏。在这种伦理学是一种致力于对主体的公平及平等表征、致力于被征服者获得权力授予的政治的意义上，这一法律在创造及规范主体中的权力就并未被打破，而是重复为服从。如果主体不是伦理行为变化的独立形成的基础和根据，从而通过这种伦理，主体就可以在真实的存在中被实现，那么，在这里还有什么希望呢？

这个问题的答案不是要为主体寻找一个原始的、前文化的位置，因为巴特勒了解这种做法是将法律政权及城邦的疆域推广到形而上学的思考中去。通过这样说，她的思想对于在能够安全居住的超验王国中给现代人类主体重新选址的神学人类学的任务来说，是一个挑战。巴特勒将这些问题十分深入地引入到了她在《权力的精神生活》一书的研究中。在这本书中，她考察了服从现象：这种矛盾的人类条件中，"希望个人隶属于自己的条件是……要求坚持为自身"[54]。她将这种悖论描述为主体在特定的服从条件下的赋权，这也是对伦理学中需求方式的一种质疑方式。从而使主体作为一个道德主体而被操纵，假设并再现一个人在具体可能性的条件下的服从。因此，在伦理学中所表达的并不是高高在上的人类自由与尊严，它所表达的是不断重复的罪恶之痛苦，主体在这种痛苦中将自己恢复到他们被征服的情境之中。我们在这种批判中所读到的是尼采的思想，而且她所提出的是后尼采式问题：抵抗是如何得到表达的？在一个交互式的循环中，出现何种裂缝就会断裂？[55]并且在她的问题中，还可以听见尼采关于拯救的呼声，这一呼声便来源于此处的理解。[56]因为，对她来说，揭示现代性与现代神学的根本神话，不是要试图为了一个领域而颠覆另一个领域。而是为了找到一种清晰表达希望诞生之处的途径，并由此找到这一希望在超越我们作为主体的生存状态下得以维持的地位。这样，巴特勒也在寻找一种拯救希望的话语。

这种研究与基督教伦理学中关于法律在信仰生活中地位的难解争议产生了共鸣。因为巴特勒的问题引起了基督教传统中许多曲解圣保罗悖论的人的共鸣，即维持人们自己的自我理解与道德行为的法律，过于行使自己的支配权利而最终导致无法生活化。[57]在基督中被发现使得主体生活于恩典中,并使得作为在神灵慷慨下赋予神圣意义的主体荣耀被揭示出来,抛弃旧的思维方式,同时引入新的思维方式。恩典的可能性、由此希望藉以发生从旧世界向新世界转换之可能性的处所以及从死到生的可能性之处所都可以被言说的方式,是基督教伦理学在每个时代都必须找到的言说方式。现在,这样的要求来自于性别理论,因为它揭示了我们被征服的方式,并在寻求表明该情景被转化为希望的一种言说。

这一表达的一个暗示来自希腊东正教神学家,约翰·兹兹乌拉斯(John Zizioulas)。他对个体所做的不同的本体论讨论可以进一步开启对于这一主题的思考。[58]兹兹乌拉斯承认"一种人的真正的本体论"是有问题的,"除非引入了对哲学思维方式的某种重大修正"。[59]在这样的需求中,有两点尤其突出。第一条修正就是,拒斥以静态的方式而存在的本体论——这种本体论是固定的且不随时代发生变化,我作为特殊的人在这个舞台上开展活动。性别身份与表征已经被大量谈及,这些言说继续跟随这一永久性的、最终超越我们短暂及特定的理解的真理的主张。这种思考将把个体锁入成为某种真实的本质的表征,或者使我们个人关联的一些抽象形式。通过它们,这种思考"使个人本体论成为不可能的"[60]。兹兹乌拉斯在哲学史中找到这种"无能",并且这使他思考哲学传统与对那种传统和在那种传统中的基督教神学理论所提主张的重合面。

第二条修正要求我们言说由信仰所开启的视野,即那些将我们带到我们在上帝人(Person of God)中的起源与终结问题。兹兹乌拉斯在此处的强调是双重的。一种主张是我们并不起源于、基于或先于个体主体存在的普遍物质,我们而是起源于一个特殊的人,一个自我揭示为彼此关系"构成了不可缺少的本体论成分"的"现实的宗教团体"的人。[61]这样,根本上对于我们来说,我们之所以呈现为人,是因为我们参与到这一所有的存在扎根其上、真理予以见证的宗教团体中来。人的这一起源要求我成为个人,意思是说不能在一些对我已经是"什么"、可能对我有所要求的任何权力机构的定义中找到我的源头,而是要在我将要成为"什么"的那些召唤。且在这些召唤中,我的"绝对的独特性"成为了我即将成长并进入的深层视野。[62]另外,兹兹乌拉斯谈到了一种对"**伦理否定方法(apophatism)范畴**"的需要,它意味着"我们不能将**积极的定性内容**给予本质或人,因为这会导致丧失他的绝对独特性并将人转变为可分类的实体"[63]。提出个体总是逃离或者超越一些定性的内容,目的是提醒我们:组成我们个体存在的是我们的关联,而不是形成关系的伦理行为,是我们构成并超越其上的关联,是信念得以出现、希望得以维持的关联。在信仰中,我被生于基督个人的神秘之中;在希望中,我的生活超越我自己,进入到一种"对世界转型的期望"[64]之中。因此,这一作为人的生活经常是从上而下的生活,一种超越我自己的生活。在这种生活中,我作为主体的存在不再是限定性的。这样,兹兹乌拉斯发现"关联并不是存在的后果,而是存在自身,本质(hypo-static)与实现(ek-static)必须一致"[65],这就是对上帝之子的揭示。

同样在此,就像信仰一样,性别伦理学来到神学美德的诞生地,并带来了一个关于在上帝的未来中我的存在的问题。兹兹乌拉斯在这里提供了一个对这种及时生活的富有成效的描述。他指到了本质,即位于底部,或沉淀于我的存在主体之下,作为个人超越自身的生活,走向他人的生活而活灵活现。并且这意味着允许自身被置于其位置之外,允许其在一种即将成为的将来之中被实现。在关系伦理中有一些东西,如汉普森和麦克法蒂耶都曾经描述过的,这些东西提出了对发现及阐明主体从作为一个特定的人的关系网到形成到与别人的关系形成的这一系列变化的一种关注。兹兹乌拉斯鼓励我们提出的关于这一方法的问题是:是否不会重重地落在本质上而证实是进入了一个最初就了解其关系的世界中去,因而找寻在别处构成他们,从而对其所知的根源性真理进行沟通,作为他对同过去一样具有关系性的未来持有希望的理由。在走向他人的形式中,这也是我作为个人构成的存在,有一种超出我已经成为的所有的我的认知,我企图成为的那个我不是因为我最初能够找到一个地方将我的原初存在作为自我关联而定位,而是因为现在我能够成为一个场所,在这里,在我之中的和取代我的将共聚一堂,也就是说,一个我能够在这里开始存在的地方。

这样的方法对自我揭示的重要性并未加以强调,因为,有些对于我所是的、我所呈现的、我在别人面前交流中表现出的一些关于我的主体的揭示,已经是由一个特定的关系网之内予以铸就。相反,我注意到一些方法,其中,我自身的表演**是**一个关联,由此成为我被赋予的及即将成为的二者的交汇处,于是询问我自己在此时此地的所为。通过果敢地拒绝在我的生活开始之前就给它划上句号,希望的美德部分是**在我目前的行动中**的未来的一种持续开放,它知道,在这表现中,保持对任何与我的生命有交集者们的未来的开放。与此同时,找回他们自己的这一脆弱而危险的可能性也在等待着一个开端。希望的美德也是一种保证,让我自己浸润于即将到来的恩典之中,在其中力量的心灵生活的破裂式开启始于在上帝中在我之前给予我的生活的未来可能性。当我思考我是这样一个人,他坚持成为我自己——就像圣保罗说的"依照肉体"(*kata sarka*)——的需要与在上帝中的我要成为的那个人的关联度要远远高于与在我之中的关联度的时候,屈从的法则便终结了。这些是希望的揭示中的各种元素,也是在依照圣灵(*kata pneuma*)的生活中的各种元素,在其中一种基督教性别伦理学会发挥它的作用。

注 释

[1] Judith Butler, *Excitable Speech*, *A Politics of the Performative*, London: Routledge, 1997, p. 163.

[2] Charles Taylor, *Sources of the Self*: *The Making of the Modern Identity*, Cambridge, MA: Harvard University Press, 1989, p. 3.

[3] Taylor, *Sources*, p. 5.

〔4〕 Taylor, *Sources*, p.10.

〔5〕 Taylor, *Sources*, p.5, 引用韦伯。

〔6〕 *Ibid*., p.18.

〔7〕 例如,参见 Carol Gilligan, *In a Different Voice: Psychological Theory and Women's Development*, Cambridge, MA: Harvard University Press, 1982.

〔8〕 Daphne Hampson, *After Christianity*, London: SCM Press, 1996, p.125.

〔9〕 Hampson, *After*, p.157.

〔10〕 *Ibid*., p.169.

〔11〕 *Ibid*., p.208.

〔12〕 *Ibid*., p.85.

〔13〕 *Ibid*., p.87.

〔14〕 *Ibid*., p.106.

〔15〕 *Ibid*., p.284.

〔16〕 *Ibid*., p.285.

〔17〕 *Ibid*., p.231.

〔18〕 Kevin Vanhoozer: "Human Being: Individual and Social",见 Colin E. Gunton, ed.: *The Cambridge Companion to Christian Doctrine*, Cambridge: Cambridge University Press, 1997, p.159.

〔19〕 Vanhoozer, "Human", p.183.

〔20〕 *Ibid*.

〔21〕 *Ibid*., pp.176-177.

〔22〕 *Ibid*., p.164. 注意此处与约翰·保罗二世的解释相似,与范浩沙理解亚当的区分类似,不是作为总属意义上的人,而是作为男性,他的"在没有女性伴侣中的孤独预示着男性与女性之间的社会——而不仅是性——差异特征",第165页。

〔23〕 *Ibid*., p.175.

〔24〕 *Ibid*.

〔25〕 *Ibid*., p.177.

〔26〕 *Ibid*., p.182.

[27] *Ibid.*, p. 177.
[28] *Ibid.*, p. 104.
[29] Alistair I. McFadyen, *The Call to Personhood: A Christian Theory of the Individual in Social Relationships*, Cambridge: Cambridge University Press, 1990, p. 17.
[30] McFadyen, *Call*, p. 10.
[31] *Ibid.*, pp. 9-10.
[32] *Ibid.*, p. 77.
[33] *Ibid.*, p. 93.
[34] *Ibid.*, p. 33.
[35] *Ibid.*, p. 31.
[36] *Ibid.*, p. 36.
[37] *Ibid.*, pp. 36-37.
[38] *Ibid.*, p. 38.
[39] *Ibid.*, p. 39.
[40] *Ibid.*, p. 162.
[41] Eve Kosofsky Sedgwick: *Epistemology of the Closet* Berkeley: University of California Press, 1990, p. 90.
[42] Sedgwick, *Epistemology*, p. 20.
[43] *Ibid.*, p. 22.
[44] *Ibid.*, p. 23.
[45] *Ibid.*, p. 27.
[46] *Ibid.*, pp. 27-28.
[47] *Ibid.*, p. 31.
[48] *Ibid.*, p. 33.
[49] *Ibid.*, p. 41.
[50] Judith Butler, *Gender Trouble: Feminism and the Subversion of Identity*, London: Routledge, 1990, p. 8v.
[51] Butler, *Gender*, p. 2.
[52] *Ibid.*, p. 3.

[53] *Ibid.*, p. 2.
[54] Judith Butler, *The Psychic Life of Power: Theories in Subjection*, Stanford, CA: Stanford University Press, 1997, p. 9.
[55] Butler, *Psychic*, p. 12.
[56] Fridrich Nietzsche, *The Genealogy of Morals*, trans. Francis Golffing, New York: Doubleday Anchor, 1956, p. 278.
[57] 参见,例如《罗马书》(*Romans*), 5—8。
[58] John D. Zizioulas: "On Being a Person. Towards an Ontology of Personhood",见 Christoph Schwöbel & Colin E. Gunton, eds.: *Persons, Divine and Human*, Edinburgh: T. & T. Clark, 1991.
[59] Zizioulas: "On Being", p. 34.
[60] *Ibid.*, p. 36.
[61] *Ibid.*, p. 41.
[62] *Ibid.*, p. 45.
[63] *Ibid.*, p. 46.
[64] *Ibid.*, p. 44.
[65] *Ibid.*, p. 46.

第 10 章　为了上帝的爱

⏩

西季威克在《密柜认识论》(Epistemology of the Closet)的结语中写到"性别定义的僵局",在这种僵局中对性别是什么的理解已变得步履维艰。我们在本书的研究中一直在考察这些困境,因为建构一种性别伦理学的努力也已变得与这些争论不休的身份问题纠缠在了一起;与这些有关边界的确立、交叉与跨越问题纠缠在了一起;与这些揭示与隐藏问题纠缠在了一起;与这些本体论基础和关系链条纠缠在了一起;与这些哲学难题纠缠在了一起。对性别的揭示使我们陷入有点毫无准备并且经常是十分脆弱的境地。西季威克认为,这最后形成的是一种首尾不连贯——"一种高度结构化的杂乱无章的首尾不连贯"——西季威克将之称为被引入我们作为女性和男性而生活的"社会组织的重要联结"。[1]

一个首尾不连贯之处或许就是一个我们放弃希望之处,因为从沼泽中找到一条出路的所有努力对于我们似乎都是无果而终。每一条出路都是守卫森严或者在道德上过于苛求,以至于我们在沿着这些路径前行时丧失了对问题的把握。因此,我们放弃了迈出第一步的努力;放弃了在未来世界恢复我们常态的努力;还放弃了忙碌起来以使糟糕的处境尽可能变得最好的努力。我有时会突然想到这就是会支持转向实用主义的思考。据实用主义,性别批判仅仅试图阻止最坏的推动力变得不近人情,并实现每个参与讨论的人所能承担的利益平衡。我们是否已为之尽了所有的努力?因此,同样,一个首尾不连贯之处也是一个信仰可能最不被接受之处——似乎只是对曾经的清晰合理世界的怀旧,或者是看似与我们所想象的世界相同的目前现实的繁忙产物。这就是通过重新解释试图再造已逝之物所做的思考,或者通过我们言说世界是怎样的权力试图恢复世界所做的思考。并且在这些思考中,后现代自身的表现是对抗我们的意志,其虚无主义也消解了我们成为信徒的最大努力。

但是,西季威克说,这种性别的首尾不连贯之处恰是我们发现自我之处,它将"其所有暴力与孕育的现代历史"引入我们的思考与言说。我们知晓这种暴力,因为它存在于排外与偏见之中、存在于情感折磨与争取言说权的努力之中、存在于无言的痛苦与正常的愤怒之中、存在于对揭露丧失希望和因权力而衰弱的信仰之中。思考性别将我们带至一个异常暴力之地,那就是我们目前所处的境地,并且暴力会在我们所做的任何事情中以一种方式或另一种方式表现出来。这就是一个暴力之地,这一点无需确证。的确,我们在此的研究意图是,当暴力来到我们中间时,提升对这种暴力设定之运行模式的敏感性,并促进对它的理解,以及将做人应该是怎样的渗入我们的思考。但对孕育我们又知晓多少?这为什么是一段孕育的历史——以及孕育的是什么的?说在这种暴力中存在着诞生是令人吃惊的想法,而西季威克在此使用的术语是"生成的"(generative)或"展开的"(unfolded),这就是历史从一事件转向下一个事件是所发生的事情,即诞生新一代。什么已经在当今诞生,或将要在当今诞生?然而她的研究却似乎暗示,此处的问题所在不是那种诞生,而是孕育所引出的概念。因而,现在它将我们的注意力转向孕育,以及孕育可能在我们之间产生的各种途径。

西季威克是在一个讨论认识论的背景中提出这些问题的。同时出现了许多批判,认为现代的认知方式是男性化的,而西季威克也对这种观点表示了怀疑。上帝一眼就能看到全部事物,并决定将目光放在哪里以及谁的身上。在此将出现的孕育将不会是外来的某种注入,因为她声称"对一种思想立场之有效性不持乐观态度"——从这种思想立场我们可能敏锐地而从来不必考虑效率地就判断这种性别之首尾不连贯的问题所在。[2]因此,这里没有外在的来源,并且有关它是否将是生命给予你的来源或者是我的来源的争论,都是完全离题的。这种首尾不一贯之处在于它是唯一的思考之地,并且此处的重要事物、此处所经历的屈从形式以及我们争辩对话中可操纵的权力——都是在我们的思考中所发现的事情。我们作为哲学家的使命是说明真理在此是以何种方式被建构的,而我们作为神学家的使命则是将其拯救的呼唤与上帝的到来联系起来。我们作为哲学家最难以进展之处——作为在其中形成的我们,将自己的时间用来思考真理,也是我们作为神学家最迫切需要进展之处。在信仰中——使上帝在此变得重要,并且在希望中——处于荣耀的开端。

这些艰难的使命将我们引至爱的问题上。因为爱在这种暴力与孕育的历史中处境危险,它将我们之间的所有痕迹深深地切入到性别理论的主要部分中,并在它寻求结合时曾经将其分离。这种历史变成我们生命的文本,它破裂的迹象也在我们的血肉之躯中得到体现,并且它所引用的纠缠网络也使我们的思想被紧紧束缚。这些被压迫的痛苦,在其中我们被绘入社会世界之地理中,以及我们用以处理言语之紊乱复杂性的谨慎政治学,一起形成了性别伦理学在我们这个时代出现的宽广溪流。这种伦理学进而成为促进我们揭示自身的媒介,它将愈合由我们的暴力体制所遗留的创伤,并在给予和接受的关怀中使我们互相团结。爱的必要性在这里开始得到澄清:在我们使过去转型为一个更好的未来之努力中;在我们对没有新生命的出现这个生命仍将是个必死之躯的认识中;在我们建立跨越裂缝之桥梁的寻求中。我们必须特别专注地倾听方可获悉这些表达的声音,我们的思想必须特别严格,爱的可能性条件才会出现并得到维持。这也是哲学的任务——它尽最大努力寻求人类的自我理解;并且这也是神学的任务——它宣称爱的到来。因为言说爱就是询问仁慈与慷慨如何可能在我们之间形成。并且正是超越了爱的到来,它的高贵方能在此找到栖居之地。而且言说上帝就是知道上帝之爱的快乐,就像我们自己变成了懂得爱的人。在它对我存在之理由的关注中,以及在它对我知晓自己被给予的位置之要求中,本章的标题将我引至爱的可能性问题上,并要求信仰与希望在此发现它们的伟大性。

这些主题在女性主义宗教哲学家们的著作中得到了响应。女性主义宗教哲学家们探究人类理解的环境,我们在这些环境中才可实施面向神圣超越。格瑞斯·詹特森对变为神圣之方式的研究就是此类著作之一。在该著作中对理性和对宗教之合理误解的女性主义批判进一步发展成为女性主义宗教话语形式。[3]詹特森所关切的与西季威克一样,都是理解一个暴力与孕育的历史,就像它在宗教经验与信仰的解释中所显示出的那样。此处,在神与人的相遇处,在信望爱产生于人类灵魂的超越点,是一个最为脆弱的时刻。因此詹特森正是在此发现了破坏的可能性,或者如此毫无掩饰地揭示的灵魂进入上帝的新生的可能性。我们对人类主体的思考方式在此需要受到批判性地考察,因为詹特森的理解是"变为神圣的使命、在我们的个体与集体生命中实现神圣性的使命明显地是一项无法逃脱对其自我及其各种维度质疑的任务"[4]。毕竟,上帝是在我之中诞生的,而且为上帝准备的是什么位置在此是十分关键的,并且我特别会对这一出生或这一死亡之可能性承担的意义,是将我带到一个相遇之处的过去的故事。

对这种信仰之准备措施的考察是宗教哲学家的任务,且詹特森也在对这一任务的实施中确信性别应在其中扮演重要角色。我们无法继续真正理解人与神的相遇,除非且直至考虑了性别化主体。性别存在于我们之间,既因为它阻碍我们的理解,并因而阻碍我们对宗教经验之形成和对宗教信仰之表达——它们对女性和男性是不同的——的理解,又因为它的存在作为我们思考我们作为人类是谁的范畴竖立在我们接近神圣的路上。詹特森被说服得相信性别差异在此是十分重要的,并且特别是女性的经验与信仰在忽视这种差异的哲学解释框架中不能被真正地知晓。因此,一种女性主义宗教哲学寻求"形成'有差异地思考'的方式"[5],并且在这种寻求中将人性置于最严峻的抉择之前;置于一种生的方式或一种死的方式——我们变成神就依赖于这些理解方式——之间。

对詹特森来说,宗教哲学史中的暴力是受到了双重因素的结合影响:它的写作是源于男性的经验与自我理解——因而使用男性的身体、话语和范畴进行解释;它将神性的存在投射到男性的形象中——他相对世界的他者性,他对所有事物的特别超越性都既揭示了男性对权力的敬畏,又同时允许男性拥有获得权力的特权。她的任务是证明"男权主义者(假定为中性的)在对这一学科探求中的偏见与思想贫乏"[6],女性在该学科中或者不认识解释中所描绘的主体——就像在大量的英国分析宗教哲学中的那样,或者发现她们自己被有意地排除在外——就像拉康对弗洛伊德的"不会存在女性主体"[7]的继承那样。在一门学科中揭示这种暴力得到了詹特森对男性形像的解释的支持,这种形象陷于与其自身对立的二元建构,并受到权力意志的驱使,这样他在事物结构中的位置就可得到保证。在这种背景中,女性是在场的,或者实际上完全是缺席的——就像那些不同地思考的主体,以及那些需要"探究其他神圣概念"的人,因为这"不是唯一可获得的上帝概念"。[8]对孕育历史的考虑在此出现了,因为詹特森需要解释"这种观念应从何处引出,以及为什么它们应该是有说服力的?"[9]带着这些问题,她试图确定一种不同的宗教哲学的开端。

激发詹特森研究方法的是女子气想象的可能性,就像它在伊利格瑞未经认可的主体版本中所表达的那样,以及像詹特森她自己已经考察的基督教传统中的书写自己精神生活的女性们那样。[10]这些过去与现在的著作揭示了"实现女性主观性"[11]的可能性——通过来自肯定世界(world-affirming)的"认识我们在身体与物质中根深蒂固"的"出生想象"[12]而言说,以及通过来自属于我们对拯救之理解核心的"繁荣的象征"而言说[13]。正是这种"女性在言说中的出现"能够改变"西方文化的象征"[14],这种象征已变得陷入了恋尸癖想象的恶性循环。它过分关注于死亡及其无限的大破坏之稳定,并用不正义来拜访世界及其公民。通过他们想象与思考的潜力,一个"聚焦于出生与繁荣而非死亡的新的宗教象征将变得具体并使拯救成为可能,这一象征将亲切地使新生儿、女性和男性都能够变成主体,并使我们所生活的世界得以昌盛"[15]。根据这种向作为神圣化身的世界转向,詹特森以一种泛神论的形式与伊利格瑞达成了一致的结论:"这是在重新思考宗教中的策略性价值,而非在默认已经男性化的世俗主义中的策略性价值。不是'被动地等待神,而是通过我们将神带入生活'——通过我们和在我们之间,终极价值的化身、超越、投射与再生,当女性、新生儿变为神时,主体立场便得以可能。"[16]这样,世界将会通过女性神的完善性而拯救自身,它会被女性接受并得到她们的欢迎,因为"它是在世界之中,而非在某种超越世界的领域……我们变化的视野才能发生"[17]。

  对此类解释给予高度的关注是十分重要的,因为它触及到我们此处的问题——在女性主义者的对话中有关爱的可能性问题具有特殊的意义,并且在一个深刻地经历着基督教神学传统变得问题化的时代也具有特殊的意义。在此存在的是对神学形成于其中的西方知识的后现代批判之有趣的交叉轨迹;是女性主义者对在这种文化中性别所造成差异的坚持与重估,以及通过在其中不同地言说而扰乱其时代语言的神学辩护。詹特森把握此处的机会表达性别伦理学,这种伦理学在"爱世界的团结与同情行为中"[18]被知晓,——信仰在其中终结。她肯定女性的地位,认为她们完全根植并体现于世界之中,并且她相信女性想象权力的自由释放将会拯救这个世界。使它重新爱自身,并为人类的完善恢复其最佳的生命提升之可能性,这是此种根深蒂固女性主义思想体系的逻辑结论。在这种思想体系的视野中,女性是被提供给世界的——作为生活之关系方式典范与关怀伦理范例。在这种提供中,精神是完整的,它使那些试图为所有人的善而努力的人变得高贵。

  许多女性都情愿承认她们在这个上帝观念中的教会中被规定的职责,用她们自己的生命、身体与灵魂服侍上帝,并为了世界,用她们的温柔与治疗性的抚触之气质去更新那种表现为堕落的生活世界。正是在这

里,她们的身体被制造成为活的献祭。[19]女性们已经在她们的内心深处
接受了这种信徒服务的使命,并且已聆听到,一个非常严重地缺乏爱的痛
苦世界的绝望呼喊——她们自己也已经受它带来的痛苦。性别差异在此
意味着救赎的可能性,意味着提供女性的不同馈赠与视角作为中介——
世界通过这种中介会经历从死到生的颠覆——的可能性。因此,女性对
制度化教会的边界不满意并不奇怪。她们甚至对基督教传统也心怀不
满,因为它会将救赎可能性限制在其范围之内。同时存在着女性与其他
信仰的联盟,以及女性与后基督教和后传统神学的联盟——她们理解爱
的缺乏并相信这种治愈。因此,它同样是女性乐于提供她们的爱的快乐
场景——她们对生活的热情能量,以及她们在这个生命可能被真正认识
的情况下力争思考与表达她们智力的实践。这里存在的是珍贵的馈赠。

然而,拯救与爱之诞生问题的真正严重性,以及世界等待着上帝到建
构到其生活中去的真正紧迫性,都导致我们探求在这种这种献祭中言说
问题的声音,并在它对信仰的准备中询问它那些困扰灵魂的问题。许多
年前路德所提出的问题:"一个男性救世主是否能够拯救女性?"——女
性最初为了自己利益而表述这个问题[20]——已被大量的女性主义神学
所转向,以至于它变成了女性自己为了他人利益——实际上是为了男性
的利益——所做的一种对救赎事业的假定。[21]在这些声音中,这里似乎
也已经存在着来自言说者自身的偏斜,并因此偏离于她自己的需要与处
境,这样她就似乎完全被投入到了神旨之中。在神旨中与他人沟通,表明
她是通过更为明智的途径而认知的,而且必须为了他人唤起善意与情
感——我们人性的恢复与世界的重建可以通过它们得以实现。她的声音
一定是权力与信念的声音、承诺与意志力的声音。她知道必须说什么,而
且在那种必要性——那种"必须如此"——中潜藏着痛苦。因为其中的
虚无主义也在这种声音中被言说并在其仪式中得到表达,并且在这种必
要性的特别条件中存在的是要求拯救之处。这类女性主义神学,通过将
我们的注意力转移到作为救赎者的女性——通过她们的自己的语言与行

动,将女性自己置于拯救的可能性问题之前,并置于基督的问题之前。[22]

女性主义神学如此不情愿地碰到的,以及詹特森的著作本身努力平息的就是虚无主义。在虚无主义中也是我们的暴力与孕育的现代历史,而在虚无主义之外性别也表现为对我们人性的解释性表征。在他追溯"导致虚无主义的人类思考之奇怪歪曲与转变"中,麦克尔·葛拉斯彼(Michael Gillespie)讲述了一个有助于我们理解"现代性特征"的故事,并开启了一条强化我们的有关救赎之爱问题的路径。[23]葛拉斯彼将现代性描述为"人类自我肯定的领域"。他在绝对意志概念中关注它的起源。最初他声称,这在奥卡姆(Ockham)的全能神性观念中有所体现:"说上帝是全能的就是说他能够做所有可能的事情,而且这包括所有不矛盾的事情。全能还意味着所有事情都是上帝的决定意志或仅作为其决定意志的结果而发生,且除了他的意志之外没有任何创造的原因。"[24]在这种将上帝的权力确认为一种超越的神性中,有可能将人类的特征也描绘为意志,描绘为通过他的意志而使这种神性被主观地建构的人,因为这样人类主体就能够发现"一个可靠的基础"并建构"反对意志的超理性(tansrational)上帝的一个堡垒"。[25]这样,被称为是客观不同的上帝存在之特征的也同时坚持人类主体。

和许多解释现代思想的人一样,葛拉斯彼也给予笛卡尔以特别的重要性。与许多女性主义者对笛卡尔著作的解读不同,他认为在笛卡尔的自我意识观念中并不是理性的胜利,而是意志对理性的优先性,这样所有的事物都变成了"一种世界的形成意志"[26]。笛卡尔将世界理解为"由意志所重构",并因此重构世界的呈现为没有什么可与之比较的"真实":"因此这种意志在最基本的层面上通过重新创造它而占有世界,这样它就经常是在成为我的状态之中。这个意义上的自我不仅仅是另外一个客体,而且还是世界的整体呈现性重构的本质基础。"[27]随这着思考方式肇始的是虚无主义。虚无主义认为世界最终什么都不是,"全无形式与目标"[28],并且认为最终"无论是否有全能的上帝都没有分别",因为"人能够据他的意志重构世界"。[29]因此,现代性的虚无主义不是在理性自由中,而是在最终的意志权力中被建构,并且上帝与人性的分离被写进绝对差异的形而上学中。

正是尼采所著述的这种虚无主义,以及对有关尼采虚无主义言论的持续争议也体现在葛拉斯彼的著作中。[30]但是,他对上帝之死的注意所暴露出的是"现代思想史因此已经更为清楚地揭露了意志中现代理性的隐性基础"[31],且进而,最初具有全能的上帝开始生活于人类主体之中。因此,后现代所必备的条件是必须用这些揭示出来的术语进行思考。这些术语是被启蒙所混淆的,伦理学主体的教养受到了嘲笑,并且由性别所塑造的人类也被解构了。这就是形成性别伦理学的条件。其语气多种多样,从斯多葛对于我们是善的事物的顺从,转变到创建一个更好国家的英雄式热情,以及勇敢地决定这最终被理解为上帝的世界。因此,在这一时代所经历的哲学的困惑与神学的枯竭也是这一伦理学的决定因素,它们的最大努力同时既是可能的又是贫瘠的。在此出现了拯救的必要性。随之而来的是对栖居的愚信,特别是在我们最大的不适与无能的地方,就像它在基督的上帝中变得重要,而且像它重新言说它在对真理的特别渴望中的步履蹒跚。在这里存在的是对希望的确定性,这种确定性可以在所有逃避其控制处找到,而且它与现在的关系最为密切。这促使空墓的视域变为上帝之中的生命知识,并使我们总是沿着在我们之中它所公开的边缘行走。思考性别使我们在基督的救赎问题上处于一种不可避免的透明性,并要求神学指出它在此意味着什么。

从我早已表明的态度就可知道我对一种女性想象的可能性是不抱什么希望的——这种女性想象操持着当代企划的指挥棒,并且如此热心地企图准备一个似乎比詹特森和伊利格瑞更友爱、更温和的它意志的可怕政权的视野。虽然付出了最为虔诚的努力在人类灵魂中为上帝观念准备一席之地,并将我们从一个暴力的过去转向到一个新世界的黎明,但是这必须由一个主体的意志行为所确切地维持。这个主体开始于笛卡尔式自我获取的企划,而终结于后现代的拟像。詹特森专注于现代性的认识论维度——似乎它仅与理性相关、仅与作为心灵分离的思考实践相关、且仅与被思考为客观真理的内容相关。詹特森也与许多其他女性主义一样在她持续的批判性言说中忽略了意志的维度,并因此忽略了对一种声音与特权的意志。

巴特勒在性别之现代理解中所关注到的麻烦就存在于这个主体的服从之中。这个主体必须作为一种身份在世界中重新表现自己。他由一个意志所维持,并作为他自己自由选择的结果而具有理性,且因此他是被制造为、被生产为重复自我肯定的历史的人。女性主义试图在自然世界中而非自然世界之外设定这种权力意志,因此并不回避自然世界的掌控,就好像一种不同的由意志决定的超越视野能够拯救我们——因为在这种视野中不存在差异,但这不过是对现代性所建构的同样问题的重复。巴特勒在自然女性主义者中并不是最有代表性的一位,这是因为她在这个问题上使人们感到迷惑:拒绝其慰藉、拙劣地模仿并假装是真的、并仍坚定地停留在我们思考困难之处。因此,当这个问题在性别理论中出现时,她为我们关注超越与爱的问题留下了一个路径。

在尼采宣称上帝之死以后,在一个我们都对这种传统进行挑战性再思考的时代,一门伦理学的构建路径也变得成问题了。我们已经看到了大量由后现代性对自由、主体与代理理念所构成的困扰,也已经探讨了一些对这些变化敏感的方案,它们是作为一条走出这种不得要领的含糊其辞之路径而被提出的。在这最后几章,我们所探究的是哲学与神学的边界,而伦理学就存在于这个边界之上。我们在此发现思考性别已经变成一些有关起源问题、主体本质和灵魂之生命等的学科中最困难问题的关键点。在我们思考这些问题的方式中,性别都不可避免地是当下的,于是它也需要我们思考的伦理学,因为我们能够或轻蔑、或敌视、或欢迎、或慷慨地对待这些引起我们关注的问题。本书作者至少是欣然寻求在这些问题中去发现澄清这些信望爱之神学美德的新机会——在它们之中,灵魂可以在未来的自由之中诞生。这些新的言说方式是仔细倾听批判性性别理论所呈现之物的快乐结果。这里也有可能存在着慷慨,因为爱是在它之中被建构的,且因此我们的关注现在会转向本章以及本研究的结语,转向它在我们之中形成的方式。

我们在伊曼纽尔·列维纳斯(Emmanuel Levinas)的大量启发性著作中发现了一种思考爱之起源的方式。他关于外在性(exteriority)的论文特别有助于我们思考我们的问题。[32]他对人类存在的以及伦理学在其中重要性的理解路径开始于他对形成于西方哲学思考中的本体论的批判。研究存在的本体论一直受着"整体性概念"的支配,即受到了包围性的、整体性的存在观念的支配,特殊存在只是在它们之中出现,并且因此个体存在的意义也是从中被引出的。[33]这一概念在我们思考中的盛行导致了现代性的两个偏见,即考虑整体领域中作为可见自我的表征,以及专注于作为判定如何分配给每个人空间的政治学。列维纳斯对这种处境的理解是它要求人类的简化,一种人类的被摧毁,这样其外在性的可能性就遗失在了影像的表层,并进而要求产生战争以"检验现实"。他声称:"在战争中呈现自身的存在之形象被固定于整体性概念之中",因为在这种暴力中,存在的秩序被绝对地再创造为"无处可逃之地"。[34]在整体性占支配地位的意义上,本体论的遗产是对丰富的存在之他者的暴力性破坏。我们也因而在我们的危险处境中忽略了这种破坏。

因为处于整体性之上的是无限性,这种无限性通常是"**外在于整体性的盈余**",并因此必须通过将自身揭示为"与存在的原始而最初的关系"[35]而闯入我们。这种闯入是通过一种末世论(eschatology)——在此是一种和平的末世论而被宣告的,它"创始了一种超越整体性或超越历史的与存在的关系"[36],而伦理学的角色就是要维持这种与无限性的关系。因为伦理学的视野就是这种破坏、分裂,并且在伦理学思考中存在着形而上学对本体论的优先性。[37]伦理学的意义就存在于这一中间地带,在这里,自然的事物根据被揭示的事物而得到解释,并因此"看到"无限的境地——"整体性在此破裂,是条件化整体性的一种情况"。[38]这种关系模式受到他者的陌生性中的无限性存在所决定,因为与他者接触的"是外在性或超越性的微光"。[39]我们最终归属于无限,而且无限也是任何整体性现实——我们通过它试图界定存在的本质——的条件。无限体现于一种异于我的存在中,这样通过他者的到来、通过对他者的欢迎和通过对他者的给予,我存在的真实外在性才返回我自己。这种对整体性的闯入——通过它"相同"受到了质疑——是由他者所引起。它的外形扰乱了我的自发性;它从另一个中心观察我的世界;它还使我记起自己存在的起源,因为这种起源超越于我自己。伦理学使这些使命变得有问题,它承认他者的陌生性,且因此伦理学具体地产生"知识的批判性本质"[40]作为一种回归——"回溯到先于自由之物",这就是所要哲学化之物。[41]

对列维纳斯来说,爱的可能性是"通过无限的观念"[42]。自我的自我中心性存在、投入于其自身"**兴趣点**"中的意志以及其存在被构成于其中的欲望都是被超越的、被无限所影响的、被接近的,被不同的和分离于我的神圣之物所忽视。[43]与他者相遇的是超越的痕迹,并因此在我和与我相遇的人之间"张开了一种的差异"——它不能通过思考一些生物性联系而被恢复到一种统一上、一种"兄弟之谊——建构于该隐的清醒的冷静"——在其中法律契约式的安排在我们之间得以确立。列维纳斯明白"对邻人的义务正是超越法律并迫使超越契约之物。它从先于我的自由之处、从非目前的远古向我走来"[44]。因此我自己自我的概念是从我"提取"出来的,并且我在"一个新的身份"中被分派给一项义务。我对他者的顺从构成了"神圣性的增加"——通过它我在耗尽自我的过程中朝着无限生长。[45]爱的纯粹可能性在"对他人的非欲望性接近"——通过它我们重新适应我们的邻人——中才出现。[46]而且在这种转变中出现了慷慨,就像我们把"所占有的世界……作为一份对他者的礼物"[47]而赠送。

伦理学在此不是来源于自然,而且不是整体性领域中法则的决定因素,但却来源于对无限性的揭示。因此,它所寻求的善被认为是"一种存在中的一种缺乏、浪费和愚蠢"。因为"为善就是存在之上的卓越与提升。伦理学并非一种存在的要素;伦理学是其他事物而且比存在更好,是对超越的真正可能性"[48]。善以及善的美德呼唤着我超越我的主观性,进入到伦理学的超越性之中。它通过神圣的人侵将我与自己分离,这样我就变成了一个新的主体——它仅作为我的邻人的一个隶属,且邻人的陌生性使我不得不为善。[49]在这种将伦理学表述为支持超越的内在闯入中,列维纳斯指出了我自己的权力意志可能在与他者的相遇中被分离的方式。与超出它的事物相遇,并因此通过超越而重新回到自身——在超越中它自己的权力现在也受到了支配。权力意志的极度荒芜在无限中对其真正的起源开放,这种起源"在整体中是不可想象的"[50],但是与他者相遇、参与和对话现在都变得可能。

这种思考提供了向一种柏拉图主义的回归,在这种柏拉图主义中善的超越被重新肯定为非存在(Otherwise-than-Being)——其中是世界的真正起源与终结。[51]那种超出的存在、来自超越的存在在人类中被体验为对放弃所有与我相关,以及与他者——我在他那里看到了无限的图景——相关的东西的一种召唤、一种挑战。那种存在被体验为一种照顾他者的义务——他的利益正当地高于我自己的利益。在形而上学式外在性的这一方面存在的是一种对控制、占有的征服性冲动,以及在事物的整体中使生命屈从于一种"来自任意性的自由"——这就是认知引导我们我们的本质。[52]这种思考是性差异伦理学的丰富源泉。列维纳斯的比喻在主体生活的内在性与外在性之间作出了区分。这种区分更赞成外在性,因为我们的解放就建构于外在性,就像激发出内在性的他者的出现。而且这种区分与女性气质和男子气概都存在着相互联系。女性气质的存在之处是寓所、家庭、在家(being-at-home)、内部。在这些地方的拥有和欲望都是正常的,因为人们的生活需要它们。他者的存在是来自外部,且对我来说是受我的欢迎而来的。虽然他不想要,但却接受所有我所拥有的一切,而且我的家庭对他是开放的,就像心灵对一个陌生到来者的开放。[53]思考性别需要我们对这种向二元象征的回归是否是爱的观念在我们这个时代被确认的唯一方式表示疑虑,以及在我们接纳它为我们的建构方式中,对我们是否没有因此而再次将我们的思考放弃给肉体的决定因素、放弃给将性别化路径中分离在此之物与在彼之物的空间形象表示疑虑。

我仍不确信的是,在列维纳斯所设置的术语中能够提供对这些性别问题的满意解答。确实,有趣的是世界的这种再伦理化受到了女性主义者的如此支持——尽管存在着分歧。对内在性空间以及对基本物质性的重申,是伊利格瑞为女性所进行的一项企划,因为她试图将列维纳斯所刻画的女性气质转换为女性的优势,使她们热爱并重视她们自己作为母亲的超越性。在她对这些基本要素的诗化中,已被指派为女性的内在性通过一种解释性的再想象行为而变成了女性所希望拥有的,这样通过对一种女性气质超越想象的选择,女性就带着差异被引向她们自身。[54]詹特森对柏拉图式空间进行了颠覆,因为她拒斥高于或超越物质的超越概念,并拒斥未被触及的男性上帝居所的无限性。她所支持的是存在于我们之间的超越、存在于世界自身之中的超越,因此这种超越最终是物质的。在此,女性能够在目前为她们的关系性考量找到一个家园。这些考量与列维纳斯的考量产生了如此一致的共鸣,因为此处和现在包含着足够好的超越形式之可能性,从而使我们不断地爱着我们的邻人,并为我们的整个生命而行正义之事。[55]然而,在这些将列维纳斯的理论转变为女性主义企图的尝试中所出现的问题,在于对领地的重申或对空间的颠覆是否是一种超越,或者是否是将自我重置为其限制中的主体。

因为主体的处境就是在这种伦理学的空间化中所存在的问题,它要求我将自己思考为一个中心——我从这个中心之外与世界相遇;它要求我相信自己是内部空间——欲望在其中是驱使我的占有以及对外在权力的意志;它还要求我通过一个他者——这个他者突破了划分我所提出的限制的边界——用一个来自别处的声音使我自己从限制中走出。因此,

183 对于这个主体,伦理学需要的是要对它给予更高的评价——这种评价是通过他者的出现而来的,并且在他对我的最终控制中言说无限性的权威。然而,这难道不是在此所说的主体自己的声音?因为这个评价恰是使我成为主体并使我保持为主体,且因此是我为了继续成为这种形而上学中的可知主体所不得不做的评价。这个评价重置我于我的主观性处境之中,这样我就屈从于它对我的生活的更高要求。这种屈从是且只能是一种在其中我已形成屈从的重复。他者和我现在被捆绑在了一起,这与其说是为了上帝之爱,不如说是为了某种使我们自己成为它的主体的知识。而且对女性来说,在此需要一种双重移动:首先是使她自己以与男性同样的方式成为主体,这样她就也拥有权力意志;其次是使她自己服从于规则——在规则中这种地位可得到维持、被表达为泛神论以遵从她所意指的女性敏感性。

我们仍在思考这一被认为是暴力的历史是以何种方式同时被认为是孕育的。而现在,由于列维纳斯的考察,这变成了一个有关我们伦理地思考方式的问题。对列维纳斯来说,这种思考是允许来自超越和无限的闯入,并因此打开了一个思考与行动的更深远的视野。这种视野在我与他人的相遇中向我呈现。它出现的时候是认识到我通过自己永远不会理解的事物被评价和认为是可被解释的。但它为了从无尽的杀戮中拯救我的生命以及世界生命而使我屈从于它。我们得到比暴力更高的真理。对伦理学的这种理解提供了一种性别伦理学可被建构的框架——就像在他者面前的敬畏与尊重,就像允许我自己被他者评判为谦卑的。我愿意慷慨地放弃我所拥有的一切以满足他者的需要。这作为我们之间的相互义务意义是由无限所维持的世界,并因此被无限所救赎。在此存在的是爱的观念。

但是,在我们这里的研究中起作用的假设指出了另一条我们可能开始爱之观念的路径。我在整个研究中都一直尝试思考马丁·海德格尔的问题,并努力以一种新的方式开创性别伦理学,且特别努力地试图找到神学伦理学可能开始之处。在他对哲学史的分析中所启发的,我们对存在的思考史[56],是作为有意志的和被建构的人类表征的性别的出现。它们都已成为人类的不同表现中一个更宽广哲学兴趣的一部分,而且在我们时代,已成为救赎之最尖锐呼喊之所在——神学可能会更新救赎这一术语。[57]其暴力与孕育的历史以这种方式作为与存在的一种关系而结束。而且它所呈现为的许多不同的有争议派别的结合物、它的推论的首尾不连贯都在这个背景中得到了凸显。这就是神学在其所有的强烈承诺中识别出人类处境之处,且使自己变为会将转变成上帝的思考,并使承诺得到实现。这才是问题所在。如果从本书中对性别的思考中得不出任何结论,它也至少会将我们带到一个起点——神学家在这个起点理清这种谱系的头绪并愿意思考它所带来的麻烦,还引起她自己思考在这里所发生的事情,这样它可能就会知道爱。

将我们呈现给世界的性别故事已席卷过现代人文主义的大潮。现代人文主义的中心是由天堂的全能权威的神所维持的自我引导的人类,并通过人类实现的伦理学在他的生活中得到安排。女性主义论述所阐明的是这种解释经常带有一种悲哀的空虚性。它的推动被指向了一种批判,但也指向了一种发展——用意义填充这个空间。女性主义已在爱的建构中进行实践,为起点而腾出空间,并珍视新生命可能会在这种历史中被孕育之处。随着性别讨论向后现代的展现,性别被编织的区分既被强化又被混淆。因为(再)生产人类为一个意志的中心已经成为维持晚近资本主义文化所必须的虚构——它的强化被认为是在我们的伦理学中对我们的人性与男权主义者的最家长式地思考。随着这种强化,对性别的思考现在已表现为一种意志的实践,一种由主体所进行的权力假设,这样它就会在其肉体化的生活中进行言说与行动,而且一种性别化的伦理学也相应地表现为实现这种任务的手段。对发生于我们人性中的这种强化之揭示正是尼采所说的可怕真理(the awesome truth)的结果、是作为对权力的意志的人类的结果以及是曾被认为是其起源与限制的上帝之死的结果。

人文主义和女性主义伦理学都同样地在对它所引起的必要性的评价中得到了暗示。[58]

与此同时,在拟像中还存在着性别的混淆。这种拟像实际上已经变成了我们的实在,而且在这种拟像中,我们在对它们的思考中不陷入真正的与真实的错误中。我们被具体化于我们眼前的表征与体现的绝对多样性所迷住,并被它们的意义所吸引而成为身体性的存在。我们不确定任何人是谁,是男性还是女性,而且不再完全清楚为什么这种身份的确认对我们应该是重要的。这是后现代的混淆之所在,柏拉图的洞穴之寓对它似乎也是完全恰当。这种混淆向我们解释了我们的处境,并引导我们思考存在于别处的他者与现实——一些"别处"是确定的。人们被这种混淆所包围,并通过它而得到评价。进入那个将会建立真、善、美的世界变成了在我们这个时代推动性别伦理学的救赎的强制性欲望。对我们可在其中被认识的起源的寻找已经开始于我们的人性之中;开始于将再次成为我们实在的自然基础——只要我们这样认为;开始于我们的生活所被认为织入的关系矩阵——在所有这些中,一种性别伦理学寻找着将我们带到人性本质的途径,还寻找着将那种人性放置于上帝的关怀与爱之中的途径。在人性的本质中存在着对人类而言是真善美的东西。

因此,海德格尔写道:"对实现一种伦理学的欲望变得更加热烈,因为人类明显而非隐藏的困惑飞上了高不可测的高度。"[59]因此这些问题通过对这些替换物的分析而出现并困扰着我们。也就是说,这与是否仍然用它们所产生的虚无主义的话语进行言说没有关系。这样,它们自己就表现对真理的替代性解释——它们能够吸引一个自由地决定的人类主体。之后,这个主体被重置为中心,并重新形成为一个意志主体——即使当这个意志由于它服从更高的真理而被抹掉。而且在其中,现代性所陷入的相同性别问题是否不会重复?因此,无论这将是柏拉图主义的男性版本还是女性版本,都变成了在获得其真理之前所必须回答的关键问题。并且女性再次被制造,去发现她在作为权力意志而进行的思考中令人不安的处境。性别将在这些伦理学中再次来到我们中间。它处于我们在爱中相互认识的路上,使我们将自己思考为"性别化的人",并充当对上帝之爱的检验。

我从海德格尔那里读到的是,虚无主义所暴露出的是允许当前的破坏。在这种破坏中可以看到一种思考方式走到了它的终点。而且我是在我自己之中、在我所处的地方当中经历了这种失败之影响的人。在对这种失败的反思中,在使后现代性颠覆扰乱现代性的地位与决定中,在允许对这种人文主义的矛盾与隐匿进行思考中,我会重新觉醒。

> 谁能忽视我们的困境?我们是否不应该保护与保证已有的联系,即使它们曾经将人类如此无力地联系在一起,并且仅仅为了当下?当然。但是这是否需要将思想从思考什么仍是主要被思考之物中解放出来,以及作为先于所有存在物的存在,它是否是它们的保证人和它们的真理?甚至更进一步,思想是否能够拒绝思考存在——当存在如此长久地隐藏于遗忘中之后,但同时通过对所有存在的根除而使它自己在当前的世界历史中被人认识?[60]

然而,海德格尔的方法并没有像列维纳斯那样使我转向形而上学,因为"形而上学将自己封闭在简单的基本事实上:人类本来发生于他的本质中——只有在本质中他被称为存在"[61]。因为我的思考只是表现与存在的关系,并且我因此也是尚未在形成我们共同历史的存在的概念中被言说的人。这些也会在我所在之处被揭示为真理。我将是等待这一真理的人。这种对真理的等待是构建爱的开始,因为它是温柔与慷慨的产生之处。因此在它之中,等待在我所在之处,我成为人并为了上帝之爱而思考我的起点与终点。

这种考虑于是引起我思考对伦理学在爱的建构中所处的位置,并在此发现一个问题——伦理学是否在爱的路上?提出性别伦理学的这个问题就是考虑我们思考性别所表演的内容,并且这意味着考虑在它被言说中被实施的是什么。因为等待爱在其中被建构的真理要求对性别的思考经常是祈祷;关注其术语组成和语法形成的文化;倾听维持人际关系律动的心跳;经历世界的痛苦与慰藉;并提问——通常是在开始时——爱的气息是如何在此变得重要。那种爱的气息一定会在基督中引发伦理学。或者所有的都是噪音与叮当声。这种祈祷是上帝到来的初步行动,即使当它看到上帝已经到来。因此,我们在这里的思考也是初步的。我们已经实现了这些初步思考,并已做好了准备。而且,我们的灵魂乐意在那种准备中构建上帝之爱。

注 释

[1] Eve Kosofsky Sedgwick, *Epistemology of the Closet*, Berkeley: University of California Press, 1990, p.90.

[2] Sedgwick, *Epistemology*, p.90.

[3] Grace M. Jantzen, *Becoming Divine: Towards a Feminist Philosophy of Religion*, Manchester: Manchester University Press, 1998.

[4] Jantzen, *Becoming*, p.27.

[5] *Ibid.*, p.26, 引用福柯。

[6] *Ibid.*, p.17. 在此意义上,她的这一著作延续了她之前关于神秘主义的著作,在那本书中她揭示了神学中立性的虚假,认为"神秘主义的各种社会建构都与权力和性别问题相联系",而这一事实在宗教哲学中一直"未被广泛地承认"。参见 Grace M. Jantzen, *Power, Gender and Christian Mysticism*, Cambridge: Cambridge University Press, 1995, p.342.

[7] *Ibid.*, p.43.

[8] *Ibid.*, pp.75-76.

[9] *Ibid.*, p.76.

[10] 参见,例如 Grace M. Jantzen, *Julian of Norwich: Mystic and Theologian*, London: SPCK, 1987.

[11] Jantzen, *Becoming*, p.171.

〔12〕 Jantzen, *Becoming*, p. 145.
〔13〕 *Ibid.*, p. 171, 引自伊利格瑞。
〔14〕 *Ibid.*
〔15〕 *Ibid.*, p. 254.
〔16〕 *Ibid.*, p. 275.
〔17〕 *Ibid.*, p. 274.
〔18〕 *Ibid.*, p. 263.
〔19〕《罗马书》(Romans), 12: 1。
〔20〕 Rosemary Radford Ruether, *Sexism and God-Talk: Towards a Feminist Theology*, London: SCM Press, 1983, 第 5 章。
〔21〕 参见，例如 Angela West, *Deadly Innocence: Feminism and the Mythology of Sin*, London: Mowbray, 1995; Laurence Paul Hemming: "The Nature of Nature: Is Sexual Difference Really Necessary?", 见 Susan Frank Parsons, ed.: *Challenging Women's Orthodoxies in the Context of Faith*, Aldershot: Ashgate Press, 2000, pp. 155-174.
〔22〕 参见 Susan F. Parsons: "Accounting for Hope: Feminist Theology as Fundamental Theology", 见 Parsons, ed., *Challenging*, pp. 1-20.
〔23〕 Michael Allen Gillespie, *Nihilism Before Nietzsche*, Chicago: University of Chicago Press, 1995, pp. viii、xxiv.
〔24〕 Gillespie, *Nihilism*, p. 16.
〔25〕 *Ibid.*, p. 41.
〔26〕 *Ibid.*, p. 51.
〔27〕 *Ibid.*
〔28〕 *Ibid.*, p. 53.
〔29〕 *Ibid.*, p. 54. 比较第 255 页。
〔30〕 葛拉斯彼的中心议题是"关于虚无主义的起源，尼采是错误的，且……其解决方案也是同样错误的……"(*Nihilism*), 第 256 页。
〔31〕 Gillespie, *Nihilism*, p. 256.
〔32〕 Emmanuel Levinas, *Totality and Infinity: An Essay on Exteriority*, trans. Alphonso

Lingis, Pittsburgh, PA: Duquesne University Press, 1969.

[33] Levinas, *Totality*, pp. 21-22.

[34] *Ibid.*, p. 21.

[35] *Ibid.*, p. 22.

[36] *Ibid.*

[37] *Ibid.*, p. 42.

[38] *Ibid.*, p. 24.

[39] *Ibid.*

[40] *Ibid.*, p. 43.

[41] *Ibid.*, pp. 84-85.

[42] Emmanuel Levinas: "God and Philosophy," trans. Richard A. Cohen and Alphonso Lingis, 见 Grahan Ward, ed.: *The Postmodern God: A Theological Reader*, Oxford: Blackwell, 1997, p. 62.

[43] Levinas, "God", p. 63.

[44] *Ibid.*, p. 65.

[45] *Ibid.*, p. 67.

[46] *Ibid.*, p. 63.

[47] *Ibid.*, p. 50.

[48] *Ibid.*, p. 64.

[49] *Ibid.*, pp. 63-64.

[50] Levinas, *Totality*, p. 119.

[51] Emmanuel Levinas, *Otherwise than Being: or Beyond Essence*, trans. Alphonso. Lingis, Dordrecht: Martinus Nijhoff, 1981.

[52] Levinas, *Totality*, p. 50.

[53] *Ibid.*, pp. 170-171.

[54] Luce Irigaray, *Elemental Passions*, trans. Joanne Collie and Judith Still, London: The Athlone Press, 1992. 还可参见 Luce Irigaray, *An Ethics of Sexual Difference*, trans. Carolyn Burke and Gillian C. Gill, London: The Athlone Press, 1984. 另可参见 Michelle Boulous Walker, *Philosophy and the Maternal Body: Reading Si-*

lence, London: Routledge, 1998.

[55] 詹特森反对列维纳斯在前半部分中过于专注死亡,因此,他十分倾向于在新生的背景中写作他的关系伦理学。参见 Jantzen: Becoming, pp. 133-136、232-245.

[56] 参见,例如 Martin Heidegger, *An Introduction to Metaphysics*, trans. Ralph Manheim, Garden City, NY: Doubleday, 1961.

[57] 参见,例如 Martin Heidegger: "Letter on 'Humanism'", trans. Frank A. Capuzzi,见 *Pathmarks*, ed. William McNeill, Cambridge: Cambridge University Press, 1998.

[58] 参见,例如 Martin Heidegger: "Nihilism", vol. IV *of Nietzsche*, trans. Frank A. Capuzzi, San Francisco: HarperCollins, 1991. 比较 Heidegger: "Being and the Ought",见 *Introduction*, pp. 164-167.

[59] Heidegger: "Letter", p. 268.

[60] *Ibid*.

[61] *Ibid*., p. 247.

索 引

action 行为 100-5,109,111-12
Adam 亚当 80,136-7
agency 行为主体 97-112,114,121
androcentrism 大男子主义 46,53,102
Aristotle 亚里士多德 14,65,148
 Aristotelian-Thomist 亚里氏多德-托马斯主义 126,128
Austin,J. L. J. L. 奥斯汀 111
autonomy 解剖学 47-8,82,100,117,132,156

Baudrillard,Jean 简·鲍德里亚 87-9,93,98,107-8
Benhabib,Seyla 塞拉·本哈比柏 45,54-6,59,84-6
binary,binarism 二元的,二元主义 46,57,73,94,111,134,162,172,181
biology 生物学 19-21,22,23-4,35,60,68,101,103,109,114,125
 biological determinism 生物决定论 49,51,144
 sociobiology 社会生物学 64-6

Bly,Robert 罗伯特·勃莱 52
body 身体 61-77,113-14,125,128-9,135-40,141-2,145
 discursive bodies 话语身体 72
 docile bodies 温驯的身体 69-70
Bons-Storm,Riet 里耶特·波斯-斯多姆 82
Butler,Judith 朱迪斯·巴特勒 4,60,75-6,89-90,92,109,111-12,129,144-50,152,162,177
Bourdieu,Pierre 皮埃尔·布迪厄 68,70-2

Cahill,Lisa Sowle 莉莎·苏尔·卡希尔 8,124-9,148
care,ethic of 关怀伦理 35-6,55-6
capabilities 能力 115-19,130,132
 capacities 能力 97-8,125
Cavarero,Adriana 阿德瑞娜·卡瓦丽罗 34
Choice 选择 107-8
Christ（参见 Jesus Christ）基督

索 引

Christ, Carol 卡罗尔·克里斯特 34
Chopp, Rebecca 丽蓓卡·茹柏 83
Clatterbaugh, Kenneth 肯尼斯·克拉特鲍 50-1, 53
Clines, David 戴维·克莱斯 52
Code, Lorraine 洛林·寇德 46, 82
communication 交流 84, 137, 158
    communicative action 交谈行为 155-6
    communicative ethics 交谈伦理学 56
communion 交流 137-9, 165
community 共同体 84-6, 101, 112, 120, 122, 135
critical (cultural) theory 批判性（文化）理论 18, 106-7, 111, 113

Daly, Mary 玛丽·戴利 33, 53
De Beauvoir, Simone 西蒙·德·波伏娃 37, 61, 63-4, 66, 82, 89
deconstruction 解构 73, 90, 129
democracy 民主 56, 58-9, 85, 94-5
Derrida, Jacques 雅克·德里达 72-3, 92-3
Descartes, René 勒内·笛卡尔 35, 61, 65, 87
    (Cartesianism 笛卡尔主义), 176, 177
desire 欲望 91, 107-8, 109-10, 145-6
difference 差异 31-6, 84-5, 99, 134-50, 157, 171
différance 异延 73, 93

discourse 话语 72, 83, 5
Di Stefano, Christine 克里斯汀·迪·斯蒂芬诺 49
Dualism 二元论 22, 36, 46, 58, 67, 73, 80-1, 98, 102, 107

Enlightenment 启蒙 6, 23, 25, 28, 32, 54, 60, 82, 84, 86, 92, 98, 124, 131-2, 155, 176
Epistemology 认识论（还可参见 knowledge 知识）46, 79, 82, 88n, 95, 122-3, 124, 128, 133, 168-9
    episteme 认知 93, 95, 73
equality 平等 26-31, 41, 43, 57, 126, 131, 157
eschatology 末世论 179
essentialism 实在论 51, 118, 147-8
ethics, as discourse concerning good 作为讨论善的伦理学 10-13
    as textual field 作为文本领域的伦理学 13-15
    as deliberative practice 作为审慎实践的伦理学 15-17
Eve 夏娃 34, 80

faith 信仰 5-6, 8, 49, 87, 112, 123, 127-9
    (faithfulness 忠诚), 149-50, 152-2, 165, 168-9, 171, 177
feminine, femininity 阴性 139, 140-2, 181

feminism(s) 女性主义 25-6
feminist ethics 女性主义伦理学 25-42
flourishing 繁盛 115-19, 173
Foucault, Michel 福柯 21, 23, 68-70, 71, 132, 145-6
freedom 自由 26, 44, 62-4, 67, 74, 83, 94, 132, 153, 181
Freud, Sigmund, Freudianism 弗洛伊德, 弗洛伊德主义 48, 106, 109, 172
Friendship 友谊 85, 101, 103

Gatens, Moira 莫伊拉·盖滕斯 66
Giddens, Anthony 安东尼·吉登斯 45, 56-9
Gill, Robin 罗宾·吉尔 14
Gillespie, Michael 麦克尔·葛拉斯彼 175-6
Gilligan, Carol 卡罗尔·吉列根 35-6, 47, 48
God 上帝 5, 8, 16, 27, 38, 77, 79-81, 83, 86, 87, 91-2, 97-8, 102-4, 114, 123-4, 126, 129, 133, 136-7, 139, 141-3, 149-50, 151, 154-9, 160, 161, 165, 168-87
grace 恩典 164, 166-7
Graham, Elaine 伊莱恩·格雷厄姆 8, 119-24
Grosch, Paul 保尔·格劳希 12

Habermas, Jürgen 哈贝马斯 28-9, 54

habitus 习惯 70-1, 74
Hampson, Daphne 达芙妮·汉普森 47-8, 154-5, 156-7, 159, 166
Hegel, Georg Wilhelm Friedrich 黑格尔 86, 104, 106-7
Heidegger, Martin 马丁·海德格尔 92, 149, 183-7
Hemming, Laurence Paul 劳伦斯·保尔·汉明 174n
heterosexual 异性恋的 110, 145-6, 162
Heyward, Isabel Carter 伊莎贝尔·卡特·黑沃德 34
history 历史 13-14, 36-7, 129, 169-70, 175-7, 179, 183-4, 186
Hobbes, Thomas 托马斯·霍布斯 97
Hodgson, Peter C. 彼得·C.霍森 123
hope 希望 31, 77, 80-1, 86, 120, 123, 151-67, 168, 177
Hughes, Gerard, SJ 格拉德·休斯. SJ 10
human sciences 人文科学 21-4
humanism 人文主义 23, 25, 41-2, 107, 115-19, 147-8, 184
Hume, David 大卫·休谟 35

identity 身份 47, 89-22, 123, 152-3, 162, 166
ideology 观念 38, 49
image of God, *imago dei* 上帝形象 80, 136, 139, 143, 159

imaginary 想象的 172-3,182

indifference 冷淡 143-50

infinite, infinity 无限的,无限性 108, 173,179-81,183

innerness, interior 内部,内部的 141-3, 181-2

interpretation 解释 103-5,114,118,123, 129,159-60

intertextuality 互文性 15

intimacy 亲密性 56-8

Irigaray,Luce 露西·伊利格瑞 30,90-2, 134,140-3,144,149,172-3,177,182

is-ought 是-应该 67,74-5

Jantzen,Grace 格瑞斯·詹特森 39,170-5,177,182

Jesus Christ 耶稣基督 28-9,80-1,135, 141,150,164-5,177,187

Johnson,Elizabeth 伊丽莎白·约翰逊 86

John Paul II,Pope 约翰·保罗二世,教皇 134-40,143,144,149

justice 正义 56,117,119

justice, ethic of 正义伦理学 30-1

Kant,Immanuel 伊曼纽尔·康德 28,124

Kierkegaard,Søren 索伦·克尔凯郭尔 17

Knowledge 知识（还可参见 epistemology 认识论）69,71,84,95,127,138-40

Kristeva,Julia 朱丽亚·克里斯蒂娃 110

Lacan,Jacques 雅克·拉康 108-10,147, 149,172

language 语言 18,78-96,114,133

Laqueur,Thomas 托马斯·拉科尔 19, 20,22,23,35

Lerner,Gerda 姬达·勒乐 38

Levinas,Emmanuel 伊曼纽尔·列维纳斯 178-83,186

Lévi-Strauss,Claude 克劳德·列维-施特劳斯 109

liberal feminism 自由派女性主义 26-31

liberation, ethic of 解放的伦理 36-41,145

Lloyd,Genevieve 吉纳维夫·劳埃德 44, 45-6

love 爱 36,75,102,112,138,142-3,151, 170-87

McFadyen,Alistair 阿拉斯泰尔·麦克法蒂耶 157-9,166

McFague,Sallie 萨丽·麦克法格 99, 102-5,111

MacIntyre,Alasdair 阿拉斯泰尔·麦金泰尔 13n,14n

MacKinnon,Catherine 凯瑟琳·麦金龙 117

Macmurray,John 约翰·麦克默里 11,99-102,104,111

Magnificat 圣母颂 38-9

maleness,masculinity 阳性 49-54,57,139

man 男性 45-5,58,91,136,171-2
marriage 婚姻 37-8,66,126,135,137
Martineau,Harriet 哈里特·马迪内 37,38
Marx,Karl,Marxism 卡尔·马克思,马克思主义 36,39,106-7
matter 物质 60-77,113-14,133
mattering 物质化 74-6,105
mediator,mediation 媒介者,调解 43-4,59,78,96,119,123,137,1170
metaphysics,metaphysical 形而上学,形而上学的 37,46,69,72,75-6,84-6
(postmetaphysical),118,122,135-6,145,147-8,176,183,186
metaphysics of presence 存在的形而上学 72-3,86
Midgley,Mary 玛丽·米奇利 11,23,64-7
Mill,John Stuart 约翰·斯图亚特·密尔 28
modernity 现代性 7,12,43-4,67-8,78-86,95,98-105,113-14,131-2,175,178-9
Moltmann,Jürgen 尤根·莫尔特曼 53

natural law 自然法 124-9,135
naturalism 自然主义 31,38,49,64-7
Nietzsche,Friedrich 弗里德里希·尼采 16,92,104,118,119,145-6,148,149,163-4,176,177,184

nihilism 虚无主义 118-19,128,148,169,175-6,185-6
Nussbaum,Martha C. 玛莎·C.努斯鲍姆 7,115-19,120,122,148

Ockham,William of 威廉的奥卡姆 175
O'Neill,Mary Aquin 玛丽·阿奎因·奥内尔 27,32
ontology,ontological 本体论,本体论的 62,86,89,104,121,136,143,147,149,151-3,156-7,159,164-5,178-9
Oppenheimer,Helen 海伦·奥本海默 74-5
origin,original 原初,原初的 90,93,98,109,122,179,185
 original unity 原初统一 133,135-9,140,143,144,146,162
Other 他者 91,100,102,110,122,154,179-83
 others 他人 62-4

parody 戏拟 90
patriarchy,patriarchal 父权制,父权制的 38-40,47,51,117,123,144
Paul,St. 圣·保罗 28,150,164,167
performative,performativity 表演的,表演性 111-12,145,166
person,personal 人,人的 30,89-90,100-1,164-7

Person of God 上帝 165
Plato, Platonism 柏拉图, 柏拉图主义 27, 34, 46, 181-2, 185
politics, *polis* 政治学, 城邦 28-30, 50, 58, 69, 71, 76, 94, 96（political correctness 政治正确性）, 99, 99（eco-politics 生态政治学）, 117, 119, 153, 163, 178
postmodern, postmodernity 后现代, 后现代性 7, 16, 60-1, 67-77, 78, 86-96, 98, 105-12, 113-15, 120, 122, 124-5, 128-9, 131, 160, 185
power 权力 83, 97-112, 114, 119, 122, 132, 149
power/knowledge system 权力/知识体系 38, 50, 69, 72, 74, 105
practice(s) 实践 70-2
pragmatic, pragmatism 实用主义的, 实用主义 99, 104, 168
praxis 实践 81, 121-4
prayer 祈祷 112, 187

Rawls, John 约翰·罗尔斯 28
reason 理性 45, 49, 57, 65, 126-7, 129-30
redemption 救赎 8, 29, 53, 80-1, 86, 91, 95, 111（healing 治愈）, 139, 142, 144, 149-50, 151, 157, 164, 173-5, 177, 184
　salvation 拯救 124, 157
relationship, relationality 关系, 关系性 41, 81-2, 84-5, 153-60, 173

relaionship, ethic of 关系伦理 35-6, 55-6, 166, 182
representation 表征 1-2, 17, 31, 49, 79, 82, 87-9, 91, 94-5, 127, 161
reproduction 再生产 37, 90, 101, 106, 125
revaluation 重估 32-3, 41, 57, 102, 124-9, 130, 133, 147
rights, ethic of 权利伦理 29, 36, 153
Romantic period 罗马时代 31
Rorty, Richard 里查德·罗蒂 12n
Ruether, Rosemary Radford 罗斯玛丽·雷德福·路德 27, 29, 40, 53, 79-81, 174

Sartre, Jean-Paul 让-保罗·萨特 61-3, 66, 67
Schüssler Fiorenza, Elisabeth 伊丽莎白·氏祖勒·费兰札 28, 33
Scottish Enlightenment 苏格兰启蒙运动 31
Sedgwick, Eve Kosofsky 伊夫·科索夫斯基·西季威克 95, 160-2, 168-70, 171
self, selfhood 自我, 43, 47-8, 55
sex 性 19-20, 125（sexual dimorphism 二性异形）
　sexuality 性欲 57, 64, 72
　sex-gender system 性-性别体系 49, 108-9
sexual difference, ethics of 性差异伦理学

31-6,50-4,66

signification 意义 75,92-3,105,109-10,147,158

simulacra 拟像 87-9,185

Singer,Peter 彼得·辛格 23

social constructionism 社会建构主义 1-2（cultural construction 文化建构）,36-40,49,68-72

solitude 孤独 136-7,139,140

Sölle,Dorothee 多罗蒂·索勒 38-9

speculation 思索 107-8

Spinoza,Baruch 斯宾诺莎 109,146

Spirit,Holy 圣灵 33,106

subject 主体 44-5,49,78-96,105-6,111-12,114,133,152,160,162-3,182-3

    death of subject 主体之死 86-92

    decenering of subject 主体的去中心化 86,92-4,102-3

subjection 服从 98,106,112,119,134,145,147,163,167,177,180

symbolic order,symbol system 象征秩序，象征体系 70-1,91,108-10

    feminine symbolic 阴性象征 140-3

Taylor,Charles 查尔斯·泰勒 94,152-3

Taylor,Harriet 哈里特·泰勒 28

theological anthropology 27,32,80,151,155,157,161,163

theological ehtics 4-5,7-8,16,29,33-4,38-41,81-2,96,112,134,144,150,161

Thomas Aquinas,St. 圣·托马斯·阿奎那（还可参见 Aristotelian-Thomist）125（Thomistic）,128

totality 全体 155,178-80

touch 触及 100

transcendence 超越 91-2,108,122,123-4,142-3,156,179-82

transformation 转型 40,56-8,76,83,119-24,126-7,165,170

Trinity 三位一体 103,154（trinitarian 三位一体的）

truth 真理 12-3,15-6,17,87,89,128-9,131-2,140,143,148（truth-regime 真理体制）,149,157,186

universalism 普遍主义 18,31,55-6,84-6,115-19,130

value 价值 30-1（universal values 普遍价值）,45,47,65-6,119-20,122-3,126,127,129-30,137

valuation 评价 41,119,148-50

Vanhoozer,Kevin 凯文·范浩沙 155-7

Vardy,Peter 彼得·瓦第 12

Welch,Sharon 沙龙·韦尔奇 39n

West,Angela 安吉拉·韦斯特 174n

will to power 权力意志 105,119,129,

146,172,175-6,181,182,184
Wittgenstein, Ludwig 维特根斯坦 111
Wollstonecraft, Mary 玛丽·沃尔斯通克拉夫特 27

woman 女性 34,136-8,141-3

Zizioulas, John D·约翰·兹兹乌拉斯 164-7